气场

CHARISMA

博锋◎著

北京理工大学出版社
BEIJING INSTITUTE OF TECHNOLOGY PRESS

图书在版编目（CIP）数据

气场 / 博锋著. — 北京：北京理工大学出版社,
2018.11（2021.9重印）
ISBN 978-7-5682-1502-2

Ⅰ. ①气… Ⅱ. ①博… Ⅲ. ①个人－修养－通俗读物 Ⅳ. ①B825-49

中国版本图书馆CIP数据核字(2018)第249006号

出版发行 / 北京理工大学出版社有限责任公司
社　　址 / 北京市海淀区中关村南大街5号
邮　　编 / 100081
电　　话 /（010）68914775（总编室）
（010）82562903（教材售后服务热线）
（010）68948351（其他图书服务热线）
网　　址 / http: //www. bitpress. com. cn
经　　销 / 全国各地新华书店
印　　刷 / 北京欣睿虹彩印刷有限公司
开　　本 / 880毫米×1230毫米　1 / 32
印　　张 / 8
字　　数 / 160千字
版　　次 / 2018年11月第1版　2021年9月第2次印刷
定　　价 / 42.00元

责任编辑 / 高　坤
文案编辑 / 高　坤
责任校对 / 黄拾三
责任印制 / 施胜娟

图书出现印装质量问题，请拨打售后服务热线，本社负责调换

气 前言 场
Foreword

每个人身体周围都环绕着一股隐形的能量——气场。

每个人也必然见识过或者感受过气场的存在，只不过，多数人熟视无睹，或者错误地解读了这种体验。

这种隐形能量源自我们的身、心、灵，它有着不同的性质和强度，不断地与其他能量圈进行能量和信息的交换，带给周围的人或事一种吸引力和影响力。

它可以是吸引力，也可以是魔力，它使得人们的目光总是被无形地吸引，不论你在做什么，都能让你备受关注。

但是！气场不是“吸引力法则”，它比“吸引力法则”更强大。备受追捧的“吸引力法则”，仅仅是气场的一个分支而已。然而就是这一个分支，让许多人物成就了伟大。气场和“吸引力法则”最大的不同是：“吸引力法则”更多依赖意志和天赋的作用，而气场却是一种人人可以获得、使命运亦正亦负的潜在能量。

时下，有一类网络小说叫“霸道总裁体”，作者们勾画出一个个霸道总裁，用他们强大的气场令无数女性迷恋不已。事实上，这不仅仅是故事。一般，大人物都具有强大的气场，不管在政界还是商界。若干年前，气场只是在中国、印度、埃及等少数历史厚重的国家悄悄流行。时至今日，它如蝴蝶效应般，风靡全球，成为普京、奥巴马、希拉里、比尔·盖茨、马云、C罗、科比·布莱恩特、凯特·布兰切特、安吉丽娜·朱莉等全球政治圈、经济圈、体育圈、娱乐圈顶尖人物的成功法则——政治家依靠它获得选票；企业家依靠它获取合作；体育明星、娱乐明星依靠它赚足人气。接地气一点的说法就是：只要气场对了，事儿就成了！

然而，这个世界极少出现生来就气场十足的人。气场的形成需要一点天资，但更多需要后天的磨砺。换言之，你可以通过修炼不断强化，造就独有的气场能量，让你拥有像顶尖人物一样的个人魅力。

本书将告诉你，气场究竟是什么，它具有怎样的惊人魔力。更重要的是，本书会将影响气场、强化气场、利用气场的方法传授给你。当你找回了久违的存在感，当你具备了独特的气场，那么你想要的一切都会被慢慢吸引过来，你会发现，这个世界真的存在如此惊人的神秘力量。

目录
Contents

CHAPTER/01

每个人都有属于自己的气场，它是一种自内而外散发出来的生命力量。一个人如果有内在的修为和丰富的人生历练，那么他的举手投足之间就能投射出无穷的魅力，瞬间便可征服全场的人。嘿，你明白吗，这正是气场的传递效应！

CHAPTER/02

每个人的气场都会产生吸引力，消极的气场产生消极能量，吸引更多的消极能量；而积极的气场则产生积极能量，吸引更多的积极能量。你若想带给周围的人或事一种有益的吸引力和影响力，获得人生的幸福与成功，就要学会往外散发出积极而强大的气场。

CHAPTER/03

气场能否平衡运转，往往取决于正性能量、负性能量的强弱之分。一旦负性能量占据上风，你将变成一个畏畏缩缩、自怜自怨、悲观绝望的人。唯一的解决办法，即加强正性能量的补充，一点点PK掉负性能量。

CHAPTER/04

特质：性情颜色与气场的性质 / *081*

你完全可以塑造自己的气场，但首先你需要从现在起认真研究自己。每一种气场都是独一无二的，世界上没有完全相同的两种气场，只有详细而深刻地了解自身气场的特质，为气场设计一个妥帖的形象，它才能够形成一股强大的正气场，助你把握住自己的命运，实现更好的发展。

CHAPTER/05

重塑：自我审视才能实现自我超越 / *101*

一个人成功与否，所有的奥妙全在于其身体内在。可以说，内在的能量无处不在，并且从生到死伴随一生。你看不到它，但伸手就可以抓到它，它是有创造力的，能够强化你气场的辐射力，从而决定你的人生坐标。

CHAPTER/06

姿态：一切行为举止展现气势 / *141*

人和人之间身体气场的差异，最集中地表现在姿态表情上，而这是生活习惯的结果。要保持强大的身体气场，所需要的只是了解身体告诉我们的气场秘密。而通常来说，强气场的身体姿势表情包括：炯炯有神的眼睛、微笑的脸、昂起的头、挺起的胸、挺直的脊柱、收紧的小腹与立起的腰部……

CHAPTER/07

吸引：精神气场由内而外的自我辐射 / *167*

你对一件事的渴望有多高，决定着你所能达到的高度。只有敢于渴望和想象，激发追求成功的信念，全力以赴地去实现自己的“野心”，你的气场才会具备势不可挡的征服力。这样的磁场将会深深地吸引着好运和成功，让它们朝自己走来。

CHAPTER/08

传导：没有人能够拒绝你的感召力 / 211

居于人群中时，人人都想发挥磁场效应，都希望增添自己的吸引力或者成为众人眼中的焦点。说实话，这并没有什么速成教材，而完全取决于你长期积累的人际关系经验、交往能力、幽默感以及驾驭语言的能力等等。

CHAPTER/01

气场：从孤舟独桨到众星捧月

每个人都有属于自己的气场，它是一种自内而外散发出来的生命力量。一个人如果有内在的修为和丰富的人生历练，那么他的举手投足之间就能投射出无穷的魅力，瞬间便可征服全场的人。嘿，你明白吗，这正是气场的传递效应！

1. 气场，看得见的影响力

气场，是我们身上无形的精神符号。它不需要你说话，也不需要特地说明，就能够告诉别人自己是健康的、积极的、阳刚的、有能力的，还是消极的、颓废的、无所作为的、阴郁保守的……

如果你身体健康、精力旺盛、气度非凡，你的气场就会很强，周围和你接触的人就会感知到，被笼罩在这种强大的气场之中；反之，倘若你精神萎靡不振、灰头土脸、垂头丧气，你的气场就会很弱，甚至蜷成微不足道的一团，对周围的人来说，你等同于不存在。

一个人最大的价值，来源于他在某一方面获得的存在感、他对别人的影响力以及他对自己人生的掌控力和在此中体现出来的让人无法抵挡的魅力。我们所需要的气场，正是一种通过自身正面积极、强大向上的综合魅力，带给周围的人或事的一种有益的吸引力和影响力。它会让我们的魅力无所不在，成为事业与家庭两条战线的重要角色，使我们如鱼得水、游刃有余，进而收获人生的幸福与成功。

说到气场的胜利，不得不提一个人——克里斯蒂亚诺·罗纳尔多，即C罗。

当然，精湛的球技和俊朗的外表无疑是人们关注、迷恋C罗的一大原因，但更大的原因是，他有强大的气场，不管是场上还是场下，人们都会被他的气场所感染。这一点，和NBA超级巨星科比·布莱恩特极其相似。

我们不妨来看这样一件事情。

在葡萄牙与西班牙的一场比赛中，在葡萄牙以2:3落后的情况下，西班牙球员皮克看似轻微的犯规，最终给了葡萄牙队扳平比分的机会。C罗当仁不让地点发任意球。想必，此时C罗的心理也是压力极大的：距离比赛结束只有不到6分钟的时间，这很可能是他们最后的机会。于C罗而言，此一球，不成功便成仁：进了，你就是国家英雄；不进，就会成为职业生涯耻辱的一幕。

只见，C罗先是做了几个深呼吸，然后将目光射向西班牙门将德赫亚。C罗的眼神非常凌厉，看上去甚至带着嗜血的色彩。C罗就这样“凶狠”地盯着德赫亚，足足5秒钟，西班牙门将似乎被震慑住了。

加速，助跑，射门！一气呵成，足球画着一个优美的弧线破门而入，德赫亚似乎有那么一瞬间的精神停滞，完全没有做出扑救反应。或许，在皮球出脚之前，德赫亚就已经被C罗霸道总裁般的气场完全压制了。德赫亚，一度被誉为当今足坛最出色的门将，但在C罗的气场笼罩之下，他显然还有些稚嫩。

看！这就是气场的胜利！它是一种能够改变命运的力量，可以决定一个人人生的成与败。为了赢得成功和尊重，获得幸福健康的生活，你需要学会如何用气场来塑造自我，让自己独一无二的气场发挥最大的功用。

2. 有颜值，不如有气场

气场，并非男人的专利，女人一样同享。现代女性无论是在能力还是思想上，都可以单挑南半球、力撑半边天，像王菲、蔡琴、杨澜、张艾嘉等，这些女子都是才色俱佳，叫人过目不忘，惹得一些男人"爱美人不爱江山"，她们同时也是现代女性气场的代言人。

大多数人最早接触的女人的气场，恐怕还是《红楼梦》中曹雪芹对王熙凤那"粉面含春威不露，丹唇未启笑先闻"的描写。虽然未见凤辣子真人，但是她强大的气场，却从这一行文字中透露出来了，叫人印象深刻。

我们比较熟悉的，还有我国著名女歌手王菲。王菲是不是美女，这个问题见仁见智。对于喜欢她的歌迷来说，这更不是一个能轻易达成共识的问题。但是，不管怎样，王菲的气场始终在华人娱乐圈中处于醒目的位置。

王菲性格不羁、直率，开演唱会不会想着法子用音乐讨好所有人，拉近与观众之间的距离。相反她说话很少，表情也特别少，永远一副冷冷的样子，加上她的声音本身非常不食人间烟火，那种神秘感和音乐之间形成的气场很迷人、很有魅力，她整个人站在台上就有大明星的气场。

著名音乐制作人张亚东评价王菲时说："有时候，王菲会带给你这样一种感觉——她可以罩得住那个东西，让你放宽心，随便你想做什么。大多数人录音都是截来截去，等录疲了完全不知道自己在干什么。王菲就是不愿意按照惯常的方式出牌，她说唱就唱说录就录，总会给你意料之外的答案和结果。她完全在自己的状态里，好多做法挺反商业的，也许这就构成了她整个人的魅力。"

主持界最害怕的访问对象也是王菲。在王菲面前，他们总得紧张一番。或许你会说这是因为他们怕和王菲搭腔效果不好，但镜头记录下的画面大于一切。看过王菲的专访和通告的朋友应该都看得出来，主持人表现出的是紧张，即使是台湾综艺界的天王人物吴宗宪、张菲等人也不例外。

气场强大的女人，还有时尚偶像英国超模凯特·莫斯。和其他模特不同，凯特·莫斯身高只有169cm——这在模特圈算是矮的了，同时，她身形瘦骨嶙峋犹如未发育小孩，脸上也浮现点点的雀斑，不算是一个标准审美下的漂亮女人。但就是这么一个看似普通的女人，却在模特圈红了20年，为啥？气场！

凯特·莫斯的品味具有个性和创造力，总是出人意料，千奇百变，modern（时尚的）、young（朝气蓬勃的）、dispirited（颓废的）、funky（稀奇古怪的），有时甚至是反传统的，她永远是潮流的引领者。无论出席正式场合或是在街头闲逛，她的着装总是在向人们传达这样一个信息：我不屑于模仿和抄袭，独一无二是我的追求！这种独立、自信的气场，十分引人注目。

当然，凯特·莫斯并不只是单纯地依靠外在的着装取胜，更重要的是她总是能够把复杂人性中的某种特点和品质，通过自己的神态和容颜，准确地传递给大众，让人感觉到衣服后面强劲的生命力，让人无法不被她所吸引——这就是她个人魅力之所在。

正如CK摄影师尼克·耐特所说："凯特·莫斯有着美丽的外表，更有坚强的内心以及过人的聪慧。这些优点在她身上完美地融合在一起，所以她能吸引无数人为她痴迷，能保证自己一直屹立在时尚舞台的最前沿。"

正是靠着这种气场，凯特·莫斯不像其他年轻模特一样，可爱的年龄过了以后，就销声匿迹了，她不仅继续生活在聚光灯下，而且依然独领风骚、势头强劲，被评为这个时代的一个时尚标签。

对于多数女人来说，年龄是个残酷的秘密。然而，有了气场，年龄就不再是问题。因为气场这东西，是一种由内而外自然而然的，是与本人浑然一体的东西，而且就像是陈年老酒，时间越长越有味道。

人们都说蔡琴是品位人士的挚爱。幽默的谈吐，爽朗的大笑，机智的反应……她的成熟气质和品位散发出一种让人无法拒绝的感染力，好似一杯奶奶泡制的温红糖水，亲近而又不失典雅。

不过，蔡琴属于没有青涩时代的女星，出道时的大黑框眼睛以及硕大的脸盘，让人无法将她与青春靓丽画上等号。但经过时间的打磨、岁月的历练，蔡琴的心态更加温和、淡然，表现方式更显安静、温馨。在她的每一次演出中都可以看到她高贵、沉静的气质，这就是属于蔡琴的气场。

如此看来，气场一说，外貌和道具固然有作用，但最终还是发自于内心。真正有气场的女人，是丰富的内在、优雅的举止、悲悯的情怀的完美结合。只要她们一出现，哪怕什么都不说，只是安静地待在那里，她们一样会散发出耀眼的、非同一般的光芒，让周围人的注意力不自觉地集中到她们身上。

这些气场强大的美女们，是一种好女人的境界，也是每一个女人一直乃至一生追求的目标。要想成为一个有气场的女人，需要经得起时间的长期锤炼，更需要我们坚持不懈地学习、不断地进步，这才是我们越变越美丽的原因。

3. 气场就是关系网

你身边是不是有这样的人，无论他走到哪里，都会有不少相处得不错的朋友？上司欣赏他，客户喜欢他，同事佩服他，在朋友中他如同众星捧月，呼风唤雨，不管做什么事都能轻易成功。这到底是为什么？

答案是气场！一个有强大气场的人，必然是生活的主角。他的周身散发着光芒，这是一种吸引人的东西。气场是吸引力，使得人们的目光总是被其吸引，进而在不知不觉间对其产生亲近感和信任感……

毋庸置疑，拥有良好人际关系的人是快乐的，也能给别人带来快乐，不仅总是身边朋友成群，也比别人有着更多的成功机会，能够在紧要关头化险为夷，从而在人际交往中游刃有余，给事业锦上添花。

大学毕业之后，彭超拿着东拼西凑的 6 万多元钱，盘下了一间街边小店，批发了一些请柬、音乐盒等便宜的东西来卖。谁知，开业两个月了，生意非常不好。如果按照当时的情景发展下去，年关都过不去了，不但店员发不出工资，而且第二季度的房租也交不了。

这种窘迫局面没有难到彭超，他坚持“善待每一位进门顾客”的经营思路，开始紧密地联络老乡、同学、朋友，以及一切可以找到的人脉。最终，一位银行系统的领导为他带来了大额的礼品订单。

真切地认识到了人脉对经营礼品生意的重要性后，彭超开始更加善待顾客，更加为上门的顾客着想。他热情、友好的服务态度，感动和吸引了很多人。他的人脉关系不断扩展，生意做到了电力局、总工会等更多系统。最终，彭超建立起了自己的超级礼品供应体系，生意越做越大。

彭超的经历印证了这样一个道理：人脉是事业成功的坚实基础、最大财富！我们每一个人都应该努力打造自己本身的气场，懂得如何利用自己的气场，成为一个处处受欢迎的人，从而为事业铺好道路。

西方的经济学家有一个最基础的会计学原理：资产＝负债＋所有者权益。公式说明，资产的来源有两个渠道：借来的和自己的。这里，我们不妨这样来理解：社会资源的掌控能力＝借助别人的力量＋对所能操控力量的使用效果。别人的力量如何借助呢？这就需要你发挥气场，将他们吸附过来。

气场可以是吸引力，是魔力，也可以是某种具备神秘能量的魔咒。当你开始恰当地展示自己时，神奇的力量就产生了，无论你走到哪儿，总会从别人的眼睛里看到欣赏和尊重的目光，进而拥有最闪亮的交际魅力！

在实际生活中，我们不乏见到一些始终郁郁不得志的人。可他们偏偏又胸怀大志、才华满腹，经历丰富，这是什么原因呢？就是因为他们不懂得如何利用自己的气场，没能让别人成为自己事业成功的那块基石。

气场就是关系网。简而言之，它是我们的人气、人脉和人情，是你结交良师益友、打动客户、上司或同事的有形网络，也是寻求机遇与创造机会的社交圈，是彼此气场的交碰、融合、互相的影响。所以，气场需要我们用心来经营。经营好了就等于拥有千军万马的兵力，从而左右逢源、得心应手。

当你撒下“大网”时，展现给别人的将是一个全新的形象，一个乐于广交天下友的风度翩翩的人，一个很善于处理人际关系的、值得常来常往的大贵人！这就是气场！拥有了它你必然会成为最受欢迎的人，没理由不！

4. 营造无法抗拒的感染力

你可曾感受到过气场的存在？如果你以前忽视了，尚未发现，或者是错误地解读了它，那现在不妨试着回想一下，认真地问问自己：

当你和某些人在一起时，是否觉得很累？或者有些人是不是比起其他人来，更能让你感到兴奋或充满力量？

你是否有过这种经历：当你身处一个场合，在确切听到或看到某个人也在场之前，你的感觉是不是已经告诉你他也在这里？甚至，你能体会到他内心的真实感受？

当你走进某人的屋子时，你会感到安静、温暖，让你想要待下去，而另一些人的屋子则会让你觉得紧张、不安或愤怒，你只想尽早离开？

……

相信，以上这些现象，你都曾经经历过，或者大部分都经历过。告诉你吧，这些不同的感觉就源于每个人身上所辐射出来的不同气场！气场虽无声却有形，可以感受、感知，就像空气一样无处不在，让你无法抗拒。

人类的气场就是一种环绕在身体周围的能量场，是一种对他人施加感觉或影响的身心状态。它以人的身体为中心，向四面八方发散。普通人的能量场存在于身体周围2.44 ~ 3米的范围，呈标准的椭圆或鸡蛋状。相邻气场与气场之间是互相影响的，其主要表现形式是相互之间不断地排斥，同时又不断地彼此吸引和同化，以达到一个动态的平衡。

回想一下，周一早上你走进办公室，若看到周围的同事或是带着烦闷的情绪，或是在焦躁地抱怨，你置身于其中，是不是会感到压抑和烦闷，感觉提不起精神，昏昏沉沉，丧失了动力？相反，当你看到每一个同事都洋溢着微笑，忙碌而拼命地工作，是不是会萌生出一股奋斗的激情，即便是刚刚还想着偷懒，也很快就将这个念头打消了，时刻保持清醒和战斗力，向着胜利的目标冲刺？

从这个角度来说，如果你要想为自己营造一个更惬意的环境，要想获得成功，首先要做的就是学会控制自己的能量，塑造和加强自己的气场，而不是一味盲目地去改变其他的人或东西。越能充分激发气场的人，就越有能量去做自己要做和想做的事，不论走到哪儿，他总会有大批的追随者。

罗森·鲍姆是新闻集团旗下的社群网站 My Space 第一任首席财务官，同时他也是一位优秀的财务专家和管理专家。能够获得今天的成就，罗森·鲍姆坦言这一切都得益于一位叫彼得·林奇的人给他带来的启发。

20 世纪 70 年代末，美国遭遇了严重的股灾，此时的罗森·鲍姆在一家投资公司工作，而他的老板正是彼得·林奇。当时的情况很糟糕，股灾的到来就好比从天而降的炸弹，一瞬间，所有人都被“炸”得一无所有，每个人都面临着失业的危险。

罗森·鲍姆感到公司里充满了暴戾的气氛，他自己也被这种氛围闹得心神不宁，异常紧张。然而，老板彼得·林奇的行为却给罗森·鲍姆上了一课。当所有人处在诚惶诚恐中时，彼得·林奇却拿着一块抹布认真地擦桌子。他说：“事情已经这样了，再担心也解决不了问题，唯有接受，才能够走出现实。”

老板积极而淡定的气场，感染了公司的其他人，渐渐地随着他一同接受现实，平静下来，耐心地寻求解决之道。很快，他们平稳地度过了这场股灾，将公司损失降到了最低。

这就是气场的先天能量！气场有先天的成分，你的一举一动，反映着你的人生观、修养和自信心；反过来它也会充盈你，会使你的气质饱满，并最终形成自己的风格，进而影响周遭人群的情绪和行为。

因此，不管是个人还是团队，在做事的时候，必须善于营造和维持一种积极的气场。这并不单单是管理方法的问题，更重要的是可以激发团队人员潜意识的力量。别忘了，有了好的气场，一切都会改变！

5. 每个人都有机会光彩照人

我们不是明星、不是大腕，不是成功者，大多数人都很普通。不过，我们每个人都有能力和机会像他们那样光彩照人。尽管气场听起来像是一个神秘的概念，但我们的确都拥有这样的潜力和能力。

听到这里，你可能会本能地回答："不，我怎么可以呢？你看他那么自信，那么有能力，红得发紫，火得发烫，简直无所不能！我太渺小了！”

如果你一辈子都这么想，那你这一生都将活在羡慕和自卑互相纠结的情绪当中。你的气场就是灰色的，让你走霉运的，坏事总往你身上跑，你想干什么都会无一例外地在失败的墙上撞得头破血流。

原因？气场不是天生的，也不需要像吸引力一样依赖意志以及天赋，它是可以修炼出来的。一个不可否认的事实是：气场被使用者有意或无意地操控着。你的，我的，任何一个人的。当你有需要时，你可以通过使用自身的魅力达成愿望。

还记得达·芬奇画过的鸡蛋吗？是的，没有最圆满的鸡蛋，没有最完美的人，但我们可以做到尽量接近圆满完美，把排斥力变成吸引力，把让人讨厌的变成招人喜欢的，把拒人于千里之外的变为让人从千里之外赶来的。如此，你就可以像政要、明星那样充满自信，那么有能力，最终近乎无所不能。

优秀的人都具备调整气场的能力，而你距离它只差这一步。

如果你还不明白气场对于我们来说意味着什么，那么你至少应该了解阴阳的概念。阴阳，这可能是你比较熟悉的词汇，阴阳二气在我们的身体内游走，我们体内气场的性质和强弱都是由它们来决定的，随着本身及周围环境的变化而不断变化。

一个健康的气场，性质虽然千差万别，但都是由若干小气场按照特有的方式组合而成，达到一个阴阳的动态化平衡。只有实现阴阳之间的平衡，这样的人才不可战胜。能击败他的只有他自己。

缺乏这种能力的人，往往软弱而无力，无论你什么时候见到他，他总是表现得对积极进取毫无兴趣，结果就是平平庸庸过一辈子。相反，阴阳平衡、气场强大的人，通常做事有底气，他们的眼神都很淡定自如，散发出来的气势也会随意自然。从他们的眼睛中，你会看到胸有成竹和尽在掌握的内在霸气！这比抡起拳头喊口号强过一万倍！

问题是当你认识到气场的概念以及它对你有多么重要，也下定决心运用气场的能量去改变人生的时候，你应该如何去做？

请记住下面的方法：认真地研究自己，充分发掘自身的优势，为自己设计一个妥帖的形象，勇敢地去改变自己。简单地说，就是我们需要一种与自身形象最般配的气质，你的气场才能有效凝聚。

当我们处于同一个起点的时候，我们是一样的，没有丝毫差别。然而，只要一个月，你就可以焕然一新。你将会变得既有气场又有气势，最重要的就是变得自信、淡然，展现领袖般的气质，拥有最闪亮的人格魅力！

在后天的修炼下，有不少原本气场很小的人，摇身一变给人留下了强悍又有韧性的美丽倩影。其中，前惠普全球执行长官卡莉·菲欧莉娜就是一个很好的例子。

菲欧莉娜自小就是一个娇生惯养的“公主”，结婚后成为一个十足的以夫为贵的小女人，她有着一头金黄色的短发，对生活充满了浪漫与梦幻，很少出入各种商界聚会，但是她的第一段婚姻最终以男方的背叛收场。这个挫败让菲欧莉娜意识到女人独立的重要性，激励着她为自己的人生展开一连串精彩的挑战。

菲欧莉娜毅然重新返回校园，修完斯坦福大学历史专业并哲学学士学位，而后又申请进入麻省理工学院的史隆管理学院，拿到了理科方面的企管硕士学位。进入惠普后，她凭靠着女性坚毅的恒心与耐力，促成惠普与康柏的合并。后来，领先筹划及执行朗讯公司初股上市的工作，使得朗讯成为有史以来最大且最成功的初始股 (IPO) 之一。1999 年 7 月 17 日正式继承退休的普拉特的宝座，成为惠普公司的总裁。

在此期间，菲欧莉娜也曾遭遇众多不公的职场性别歧视，关于她的争议也未曾间断，但她从来没认输过，反而屡屡巧妙地运用女性的优势与特质，给许多男性优势族群意想不到的迎头重击，获得最终的胜利，成为女性经理人之典范。“我首先是管理者，然后才是女人。”菲欧莉娜如是说。

如果你尚未形成自主提升气场的能力，那么不妨多接触气场强大的人。俗话说“近朱者赤，近墨者黑”，朋友的质量对我们很重要。在前面我们已经提到过，气场与气场之间在互相影响，其主要表现形式是相互之间不断地排斥，同时又不断地彼此吸引和同化。

当你与全球股神沃伦·巴菲特成为邻居，或者居住在奥马哈伯克希尔公司的总部附近，那么恭喜你，你的好运气来了，巴菲特强大的气场必然会带着你的气场越变越强大。然而，如果你不幸地与抑郁残暴的美国橄榄球明星辛普森成为同龄好友，或许你的气场会一直沉闷枯燥，并沉溺在社会的边缘地带！

总之，没什么不可以，气场本身就在我们的体内，视我们的需要而改变。你所做的就是激活它，让它释放出全部的能量，将自己变得富有征服力，将五彩缤纷的人生果实吸引到自己身边来！

CHAPTER/02

命运：正负气场裁决下的不同生命力

每个人的气场都会产生吸引力，消极的气场产生消极能量，吸引更多的消极能量；而积极的气场则产生积极能量，吸引更多的积极能量。你若想带给周围的人或事一种有益的吸引力和影响力，获得人生的幸福与成功，就要学会往外散发出积极而强大的气场。

1. 心态好坏，决定气场强弱

人与人之间只有很小的差异，但这种很小的差异却往往造成巨大的差别！很小的差异就在于你所具备的态度是积极的还是消极的，巨大的差别就是由此种态度所决定的气场和人生。

心态是我们真正的主人，它能使我们成功，也能使我们失败。同一件事由具有两种不同态度的人去做，其结果可能截然不同。态度积极的人，无疑他的气场也是积极向上、激情四射的，如此便能笃定适应环境的信心，创造出完美的人生。

苏格拉底单身时，和几个朋友一起住在一间很狭小的小屋里，生活非常不便，但他整天乐呵呵的。有人问："那么多人挤在一起，你有什么可乐的？"苏格拉底说："我们随时都可以交换思想，交流感情，这难道不是很值得高兴的事儿吗？"

过了一段时间，朋友们相继搬了出去，屋子里只剩下了苏格拉底一个人，但是他仍然很快活。那人又问："你一个人孤孤单单的，有什么好高兴的？”“一个人安静，我可以认真地读书，这怎能不令人高兴呢？”

几年后，苏格拉底搬进了一座楼里，他住在最底层。底层的环境很差，楼上的老是往下面泼污水，丢破鞋子、臭袜子和乱七八糟的东西。苏格拉底还是一副自得其乐的样子。那人又好奇地问苏格拉底为什么高兴，苏格拉底情不自禁地说：“住一楼进门就是家，上下楼、搬东西都很方便，而且还可以在空地上种花草……这些乐趣呀，数也数不尽！”

过了一年，七楼有一个偏瘫的老人，上下楼很不方便，苏格拉底便将一层的房间让出来，搬到了楼房的最高层，可是每天他仍然是快快乐乐的。那人揶揄地问：“住七层楼是不是也有许多好处啊？”苏格拉底说：“是啊！没有人在头顶干扰，白天黑夜都非常安静；每天上下楼几次，有利于身体健康；光线好，看书写字不伤眼睛。”

后来，那人遇到苏格拉底的学生柏拉图，问道：“你的老师所处的环境并不那么好，但他为什么总是那么快乐呀？”柏拉图说：“你不能控制他人，但你可以掌握自己；你不能左右天气，但你可以改变心情；你不能选择容貌，但你可以展现笑容。”

态度的好坏直接影响一个人的气场。它就像是一块磁铁，不管你的思想处于正极还是负极，你周围的一切事物都会受到它的牵引。好的态度得到好的结果，坏的态度得到不好的结果。

美国最受尊崇的心理学家威廉·詹姆斯曾经说过：“我们的时代成就了一个最伟大的发现：人类可以借着改变自己的态度，改变自己的人生！”因此，当我们无法改变环境时，我们要学会调整态度去适应环境。

当你改变态度时，你所改变的不只是你的态度，还有你的言语和行为。由于你的改变，他人及社会对你的反应也会产生相应的变化。这样，你态度的改变，就导致环境产生相应的改变，以及你的人生命运的改变。

班尼奥在公司里做了一年的设计师，每一次给朋友打电话，他都会抱怨个不停：“我现在的状况糟糕了，我每天都很辛苦，可是老板根本不看重我。今天我原本……可是……再这样下去，我真都要发疯了！”

一次，朋友纽瑟夫在电话的另一头说道：“我的朋友，我希望你能够冷静下来，认真地对待你的工作，多多了解公司的各项业务。这样的话，或许你就会发现其实一切不是你想的这么糟糕了。”

纽瑟夫是一位很成功的企业家，班尼奥决定听听他的建议，他开始一丝不苟、认认真真地工作了。每天下班后，他都留在办公室里研究新产品的设计方案，或是其他与之相关的事宜。

半年后，班尼奥跑到纽瑟夫家里去看望他。这一次，班尼奥迫不及待地把自己的情况讲述给纽瑟夫听：“喂，伙计，你知道吗？

这段日子真是太棒了，老板很看重我，我现在被提升了。”

纽瑟夫笑着说：“我早就猜到会这样的。当初你工作态度不认真，整天抱怨，愁眉苦脸，每天都心不在焉的。现在不同了，你整个人看上去精神多了，就好像没有你办不到的事情一样，老板当然会对你刮目相看了！”

班尼奥的工作之所以在短短半年的时间里就发生了翻天覆地的改变，是因为他把消极的工作态度转变成了积极的工作态度，他的气场变了，散发出的就是一种耀眼的光芒，一种积极向上的气息，就像纽瑟夫说的那样“变得比过去精神多了”，这种最吸引人的气场，又把好运带给了他。

我们完全有理由相信，决定气场强弱、人生成败的因素有许多，个人能力、家庭背景、社会关系、机遇等都是不可或缺的因素，然而，任何一个人都逃不出“心态”这把神秘钥匙的引导和支配。

皮克·菲尔在《气场》一书中也曾提到过，“改变命运的并不是环境，而是人的心态。人生中有 85% 的成功都取决于心态，只有 15% 取决于能力。很多时候，我们没有办法选择自己生存的环境。但用心去改变自己的态度，却是马上可以做得到的。”

态度左右着气场，决定了人生的成败。好心态？还是坏心态？决定权在你自己手中，关键看你怎样去做。从现在开始，克服悲观与消极，倡导乐观与积极，让你的气场和命运随着你心态的改变而发生积极的改变吧！

2. 行动力，最有价值的魅力

如果你对一个人说：“我要写一本书”，但却从不动笔，第一次或许他会相信你，但是，一年之后，你再次对他说：“我要写一本书。”他就会有所怀疑，怀疑你是否有这个能力。等到三年之后，你再次对他说这样的话，他根本就不会相信你，甚至觉得你只是说说而已。

一个人的气场是如何得来的？人人都知道，是从最基本的信任和欣赏开始的。那么，它们又是从哪里来的？行动！行动是这个世界上最有力的语言，积极的行动和消极的行动足以彰显一个人气场的大小。

“这件事情还是以后再想吧”“看完这个电影就去学习”“等明天再写这份报告也不迟”……你是不是经常这样为自己找一些借口，做事情拖拖拉拉？殊不知，拖拖拉拉是人的惰性在作怪。纵容惰性，很容易消磨人的意志，使人对自己越来越失去信心，如此气场也就萎缩了。

安东尼·吉娜曾经是美国纽约百老汇中最年轻、最负盛名的年轻女演员。就读于大学艺术团时，她曾在一次校际演讲比赛中说道：“大学毕业后，我要做纽约百老汇一名优秀的主角。”

当天下午，吉娜的心理学老师找到她问了一句：“我想知道，你今天所说的想去纽约百老汇成为一名优秀的主角，是真的吗？”

吉娜点了点头。心理学老师尖锐地问："但是，你今天去百老汇跟毕业后去有什么差别？"

吉娜想了想，的确，大学生活并不能帮自己争取到去百老汇的工作机会，她说，"我决定一年以后就去百老汇闯荡。"岂料，老师又冷不丁地问她："你现在去跟一年以后去有什么不同吗？"

吉娜苦思冥想了一会儿，对老师说自己下个学期就出发。但是，老师又紧追不舍地问道："你下学期去跟今天去，又有什么不一样？"

吉娜有些晕眩了，她决定下个月就前往百老汇。吉娜以为老师这次应该同意了，但是老师又不依不饶地追问："你觉得，你一个月以后去百老汇，跟今天去有什么不同？"

吉娜思考了一会儿，表示给自己一星期的准备时间，老师步步紧逼："所有的生活用品在百老汇都能买到，你一个星期以后去和今天去有什么差别？"终于，吉娜不说话了。

老师又说："百老汇的制片人正在酝酿一部经典剧目，几百名各国艺术家前往应征。我已经帮你订好明天的机票了。"第二天，吉娜就飞赴全世界最巅峰的艺术殿堂——美国百老汇，去进行了一场百里挑一的艰苦角逐。最终她顺利地进入了百老汇，穿上了人生中的第一双红舞鞋。

有了想法，就马上给自己制订行动的计划，然后立刻去实践。不论从哪个角度看，这都是一句真理。看看那些气场强大而积极的人，他们往往都是实干家，而不是终日幻想自己的生活会如何如何的空谈家。

任何东西都无法替代脚踏实地的积极行动。有了积极的行动，自然会有好的结果；有了积极的行动，我们就有勇气克服所面临的各种困难；有了积极的行动，我们才有机会看到自己的努力和付出，直至成功，自然也有了信服力。

刘楠是某销售培训机构的资深讲师，他曾经走访了全国各个大小城市。在某个星期三，刘楠给河南省东南部一个小镇的保险工作人员做了一次励志的讲座。

到下个星期三的晚上，刘楠接到一个电话，是那家保险公司的一个业务员。对方很激动地说："老师，您好！我这里发生一件令人吃惊的事情！你会同我现在一样感到振奋的！"

"发生了什么事？"刘楠有些好奇地问道，"如果不介意的话，把这件事告诉我吧！"

"我的主要工作目标是今年把去年的销售额翻一番。令人吃惊的是，我竟在 48 小时之内达到了这个目标。"

"你是怎样达到这个目标的呢？你怎样把你业绩翻一番的呢？"刘楠问这位业务员。

这人答道："在谈话中您讲到在同一个街区兜售保险单失败而又成功的故事，我记住你给我们的自我激励警句：立刻行动！我就去看我的一些记录，分析了15笔死账。我准备提前兑现这些账，这在先前可能是一件相当棘手的事。我重复了'立即行动！'，怀着积极的心态去访问这 15 个客户，结果做了 12 笔大单！”

就像美国著名成功学大师杰弗逊说的那样：“一次行动足以显示一个人的弱点和优点是什么，能够及时提醒此人找到人生的突破口。”

没错！命运在自己的手中握着，在自己双手的实践中实现。只有积极行动的人才有气场，才值得敬佩，空谈家只能招人厌烦。

3. 万箭穿心，也要活得光芒万丈

我国有些地方民间有一个习俗：孩子刚刚生下来时，喂养的不是纯净水，也不是母乳，而是大黄！然后，逐渐喂以甘草汁，最后才进入正常喂食的哺乳过程。要想尝到甜，就要先知道苦的滋味，苦吃惯了，味蕾才更敏感于甜。人生也是这样的道理。

面对苦难，不愿吃苦、不能吃苦、不敢吃苦的人会陷入紧张、惶恐甚至愤怒的状态，他的气场是虚浮而残缺不全。相反，能坦然自若吃苦的人，他的气场永远是向外扩张的，靠近他的人会明显感受到那种具有强大传染性的气场。

王永庆小时候家里十分贫穷，由于在兄妹中排行老大，他从小就担负着繁重的家务。每天一大早就起床，赤脚担着水桶，一步步翻过屋后两百多级台阶的小山坡，到山下的水潭里去汲水，然后再从原路挑回家，一天要往返五六趟，十分辛苦。

小学毕业后，为了维持一家人的生计，王永庆没有继续去上初中，而是来到嘉义一家米店当学徒。干了大概一年的时间，父亲见王永庆有独立创业的潜能，就向亲戚朋友借了两百块钱，帮他开了一家米店。

米店虽小，但对于王永庆而言，这是他人生中第一家自己的“产业”，所以他经营起来特别用心。为了建立客户关系，他用心盘算每家用米的消耗量。当他估计某家的米差不多快吃完的时候，就主动将米送到顾客家里，无论刮风下雨，还是酷暑寒冬。

为了增加利润，王永庆减少了从碾米厂进货这一中间环节，添置了碾米设备，自己碾米卖。在王永庆经营米店的同时，他的隔壁有一家日本人经营的碾米厂，一般到了下午五点钟就要停工休息，但王永庆则一直工作到晚上十点半。结果可想而知，日本人的业绩总落后于王永庆。

正是由于从小培养的吃苦耐劳精神，后来在经营台塑企业时，王永庆得心应手。即使遭遇挫折，也能坦然面对。如今的王永庆深有体会地说：“吃得苦中苦方为人上人，我成功的秘诀就是四个字——吃苦耐劳。”

海明威曾说：“生活总是让我们遍体鳞伤，但到后来，那些受伤的地方一定会变成我们最强壮的地方。”正在经历的苦难，或许正孕育着未来的希望，或许正是未来我们应对生存危机的力量。

也许有人会反驳，难道非要吃苦才能有气场吗？安逸舒适又有什么不好？对于这一观点，应该辩证地看。

日子过得舒服不是坏事，过于安逸舒适可能使人缺乏斗志，如此一来气场自然收缩。而忍受一般人忍不了的痛，吃一般人吃不了的苦，一再磨炼自己的意志力，气场和能力也就随之提升和强化了，这正是一个人担负重大责任时的必要条件。

乔瑟夫在纽约首屈一指的毛纺织品厂做实习推销员。有一年，一场罕见的大风雪袭击了全纽约。将近中午时，大多数推销员都赶到了弗兰克林街的办公室，争先恐后地集拢到火炉旁，尽兴地聊着天。

而那天下午相当晚了，几乎冻僵了的乔瑟夫，像一个醉汉似的打开办公室的大门，带着一股寒冷刺骨的北风蹒跚着走了进来。

那些聊天的推销员们纷纷讥笑乔瑟夫的“傻气”：“乔瑟夫，外面这么冷，你怎么不早点回办公室呢？瞧！办公室多暖和啊！”

乔瑟夫笑了笑，淡淡地回答，“像这样的大雪，几乎所有人都习惯窝在暖和的屋子里面，不仅竞争对手少，而且很多客户都有空闲时间，我应该更加奋发。我今天拜访了将近 70 家客户，得到了 43 件货的订单。”

由于出色的工作表现，乔瑟夫被老板杰姆斯调升为正式的推销员，薪水也加倍了。乔瑟夫吃苦耐劳的精神感染了很多同事，很快公司的订单接连不断，这家公司从众多的毛纺织品厂中脱颖而出，乔瑟夫也被提拔为市场部经理。

苦与乐相互矛盾，又相互联系。苦是乐的源头，乐是苦的归宿。学会了苦中作乐、苦中得乐、苦中享乐，你不需要伸张自己所受的任何苦难，只是安静地站在那里，就可以发出一种耀眼的、炫目的气场，让人拜服或崇敬。

因此，行走于人生丛林中的每个人都应该记住：如果你正在遭受困苦，这并不完全是件坏事，只要你用积极的精神面对，它就会变成积累经验，伺机而起的好时机，甚至还能转化为成功的资本！

4. 别怕较量，狭路相逢勇者胜

激烈的竞争在现代社会中随处可见，每一个人都难免会遇到对自己构成威胁的对手，此时大多数人内心会对对手产生怨恨、设防、畏惧心理。更有甚者，还会在背后冷不防地“插上一刀踩上一脚”。这是一种狭隘的思维方式，对成功有百害而无一利。

我们先来看一则故事：

为了吸引更多的游客，动物园从遥远的美洲引进了一只剑齿豹。据说，这种剑齿豹非常地勇敢凶悍，它们一天能够逮捕三只羚羊，而其他的美洲豹再拼劲儿一天也就只能逮捕一只羚羊。

为了能够让这个“远方贵客”吃好玩好，动物园的管理员们每天为剑齿豹准备了精美的饭食，还特意开辟了一个不小的场地供它活动。可这么好的生活条件，剑齿豹不但不感兴趣，还始终闷闷不乐，整天无精打采。

动物园的管理员以为可能是剑齿豹对新环境不太适应，过一段时间就好了。谁知道两个月后，剑齿豹还是老样子，它甚至连饭菜都不吃了，奄奄一息。这下园长可着急了，连忙请来兽医诊治，可是没发现剑齿豹有任何毛病。

就在这时有人提议，不如在剑齿豹生活的领域放几只老虎，或许能让剑齿豹打起精神来。原来人们无意间发现，每当有运送老虎的车辆经过时，剑齿豹就会站起来怒目相向，严阵以待。这个办法果然很有效，剑齿豹很快就恢复了往日的活力。

这个故事告诉我们这样一个道理：剑齿豹之所以毫无豹子应有的英勇气场，整天无精打采，甚至奄奄一息，就是因为它的生活过于安逸，缺乏忧患意识。而老虎的“入侵”，则唤起了它的竞争意识——为了和老虎一比高下，它必须活跃起来。

从这个意义上讲，竞争对手是我们不退缩、不松懈，时刻充满活力的动力。可以说，正是他们的存在，才激发了我们的气场；正是他们的存在，才推动了我们的前进；正是他们的存在，才催化了我们的成功!

因此，我们不应该消极地排斥对手，而应该积极地面对他。要发挥比赛的精神，敢于和他去较量，努力跟上他。当你展示出一种不惧怕、坚定的气场时，你必然能激发出自己最大的潜力，彰显出震撼人心的气场。

也许，你在竞争过程中已经感到很疲惫，甚至觉得自己的力量已经发挥到极限，忍受着孤独寂寞，承受着身心的压力……但是，这种痛苦实际上正是充实和丰富人生的过程。

没有比人更高的山，也没有比脚更长的路，只要你具备了敢于较量和追击的个性，你的气场就能够胜人一筹，就能够带动你征服对方！信守这个道理，就会是最大的赢家。

5. 屡战屡败，也要屡败屡战

有人曾经做过这样一个实验：

往一个玻璃杯里放进一只跳蚤，跳蚤立即轻易地跳了出来。再重复几遍，结果还是一样。根据测试，跳蚤跳的高度一般可达到它身高的 400 倍左右。接下来，实验者再次把这只跳蚤放进杯子里，不过这次的杯子上加了一个玻璃盖，“嘣”的一声，跳蚤重重地撞在玻璃盖上。一次次被撞后，就会发现跳蚤会继续跳，但是不再跳到足以撞到盖子的高度。然后，当拿掉盖子，虽然跳蚤还在这个玻璃杯里不停地跳着，但是它已经无法跳出这个玻璃杯了。

生活中，你是否也有过这样的“跳蚤人生”？年轻时意气风发，屡屡去尝试，但是往往几次失败以后，你便不是消极地抱怨世界的不公平，就是怀疑自己的能力，相当长一段时间难以从失败的阴影中解脱出来？

告诉你吧！这种消极的做法不会带给你任何的好处，甚至会导致你一事无成。这可不是危言耸听。因为当你为失败自怨自艾时，原本可以非常耀眼的气场会被直接摧毁。气场一收缩，就产生了强烈的不自信。即使你无比渴望释放自己的能量，也会由于气场的薄弱而心有余而力不足，一次次错过成功的机会！

就像实验中的那只跳蚤，难道它真的不能跳出这个杯子吗？绝对不是，但它早已经被撞怕了，或者说它在心里面已经默认了这个杯子的高度是自己无法逾越的，所以就真的再也跳不出来了。

要不要跳？能不能跳过这个高度？到底能有多大的成功？这一切问题的答案，并不需要等到事实结果的出现，而只要看看一开始每个人对这些问题是如何思考的，就完全可以预知答案了。

对于一个积极的人来说，所谓失败，仅仅是失去了一次达成目标的机会，他们会把失败当试金石，勇敢地向自己挑战，重整旗鼓、从头再来。毫无疑问，这种人能够释放出一种征服别人眼睛和内心的感染力，最终一步步战胜自己，走出败局，吸引成功主动靠拢过来！

林肯在成为总统之前，根本交不出一张值得炫耀的履历表：7岁时，家里没有了房子，他被迫出去打工；9岁时，母亲去世；22岁时，与人合伙做生意，三年后同伴死去，留下他一人来还多年的债；26岁时恋爱了，但爱人心绞痛去世；28岁时，向另一位女子求婚遭到拒绝；37岁时，第三次参选才选上国会议员；39岁时，参选国会议员失败；40岁时，他想在自己所在州内担任土地局局长，遭到拒绝；41岁时，他失去自己4岁的爱子；45岁时，竞选参议员失败；47岁时，竞选副总统失败；49岁时，竞选参议员失败；51岁时，成为美国总统。

林肯坚信自己一定会成功，即便是屡战屡败，他也从未怀疑过自己的能力，他拥有无比的自信和超强的意志力，这是一种积极的思维方式和生活姿态，他的气场强而有力，如此他还有什么是不可战胜的呢？

华罗庚曾说过："只有在逆境中挣扎过、奋争过的人才可以说无愧于人生。"失败，是一个不断否定与肯定、不断修正和蜕变的过程。从头再来，是我们应该具备的积极态度，真正的气场是打不败的。

所以，遭遇失败的时候，请不要再整日忧心忡忡，不要总强调"我已经失败了"的暗示，而要更多地扪心自问"我学到了什么”“我下一步应该干什么”等，把每一次失败都当作考验和提升自身气场的机会，这样的人是自信的、最棒的！正是因为这样，爱迪生才最终创造了非凡的成就。

最伟大的发明家托马斯·爱迪生，对于失败有着自己独特的理解，他说“每个人或多或少都经历过失败，因而失败是一件十分正常的事情。你想要取得成功，就必须以失败为阶梯。换而言之，成功包含着失败。”

在研制白炽灯时，爱迪生尝试了上千种材料，均告失败。有人嘲笑他说：“你永远不会成功。”爱迪生不为所动，沉下心、坚持废寝忘食地进行研究。他将每一次失败都视为从头开始的机会，而确信自己向成功又迈进了一步。终于，他成功研制出世界上第一枚电灯，给自然界带来了光明。

在爱迪生的发明中，遇到困难最多、耗费时间最长的要算是蓄电池了。他一共花费了15年的时间才研制成功，在这个试验中共失败了5万多次。当所有人都灰心丧气时，他却乐观地说：“我想，‘自然’它并不是无情的，它一定不会永远深藏着蓄电池的秘密。”终于，他成功了！他的蓄电池，被用于火车、轮船上，甚至直到今天人们还从中获益。

爱迪生被誉为“光明之父”“现实中的普罗米修斯”“发明大王”，他一生共有约两千项创造发明，为人类的文明和进步做出了巨大的贡献。他的名字在史册上熠熠生辉，经岁月流洗而不褪色，盛名流传至今。

失败并不可耻，你可以败在经验、败在技巧上，但绝不能败在气场上。聪明人在失败之后会马上总结教训，并不断告诫自己，下次绝不会犯此类错误；而愚蠢的人呢，只会怨天尤人，埋怨客观事物的种种！

我们每个人都应该学会作一个聪明的人，这不是一句话就可以学会的。只有在实践中把挑战当作指南针，把失败当作试金石，勇敢地向自己挑战，战胜自己，超越自我，“聪明人”的头衔才会“降临”在你身上！

朋友，失败不是什么大不了的事情，重新拾取你的信心，向自我挑战吧！擦掉从前的不良记录，逼出内在自我的全部气场，就从现在开始。

6. 扬长避短，将气场强化到极致

众所周知，一只木桶盛水的多少，并不取决于桶壁上最高的那块木板，而恰恰取决于最短的那块木板。要想提高木桶的容量，就应该设法加高最短的那块木板，这是最有效也是唯一的途径。

同理，气场的强弱，往往取决于一个人的弱点而不是优点。

如果想要气场变得稳定而完整，就一定要去战胜并克服自身的弱点。因为弱点散发出的气场非常糟糕，稍不留神就可能成为人生的败点。

类似于“败给弱点”的情形在现实中比比皆是。力拔山兮气盖世的西楚霸王项羽，因为刚愎自用，最终败给了无赖之辈刘邦；北宋皇帝徽宗赵佶，因贪图享乐，浮华侈靡，疏于治国，最终遭遇靖康之难；一代奸相严嵩，因为贪鄙而致奸横，成为万古斥骂的罪人……这些人性的弱点，摧毁了他们的意志力，让他们的气场由强变弱，甚至由正变负。

因此，前进或者成功的真正意义就是去修补最短的那块木板。

对此，美国新思想运动的代表人物弗兰克·哈多克在自己的经典之作《意志力决定成败》中也强调道：“意志力是身体的统帅，能够让人生到处都充满奇迹。但是，如果不能够去战胜并克服有害于意志力的弱点，我们就不能随时坚定意志，不能做一些让我们的人生具备高尚价值的事。”

看看那些成功的人，虽然他们自身也并不完美，但他们都能够以积极的态度，认真地审视弱点，勇敢地战胜它，清走损害气场的“能量”，所以他们的气场比别人要强大，他们的人生比别人要辉煌。

一开始，梅兰芳被别人认为资质太差，不是唱戏的料子。的确是这样，戏剧最能传神的就是眼睛，但梅兰芳偏偏是个近视，双目无神；好的戏曲演员要有“余音绕梁，三日不绝”的好嗓子，但梅兰芳的嗓子不响亮。更糟的是，他脑子反应慢，记东西慢，学东西慢，这更是学戏的障碍。

不过，好胜心强的梅兰芳并没有放弃戏剧，他决定一一克服这些弱点。为此，他天天练眼神，具体方法是几个小时目不转睛地盯着一个物体，练得时间久了就泪流不止，非常难受；为了练嗓子，梅兰芳每天早上六点钟就起来吊嗓子；至于脑子反应迟钝，只有死方法，就是反复练、反复唱——梅兰芳给自己下了规定每一句非要练上 30 遍不可。

即使这样辛苦，梅兰芳也一点不肯放松自己，他坚持不懈，一练就是十多年，终于弥补了先天的缺陷，由一只丑小鸭变成了白天鹅。他的眼神、台步、指法，一举一动，不仅姿势美观，而且与剧中人物的思想感情，浑圆周密，融为一体；他的唱腔，悦耳动听，清丽舒畅；许多唱念做打的繁难功夫，一经他演来就显得那么驾轻就熟，得心应手，他成为了享誉世界的戏曲大师。

看到了吧，弱点并不可怕，不能够改变弱点才可怕。弱点不是根深蒂固的，只要你积极地去斗争并克服它，你就能改变自己的命运。因为当你能够打败自身弱点的时候，你也就打败了自己最大的敌人，你的气场就比过去提升了一大截，你还有什么不能做到的呢？

这个世界上没有完美的人，每个人都或多或少地存在一些人性弱点。问题是，我们常常陷入“当局者迷，旁观者清”的怪圈里，只看到外在的条件，却根本没有意识到或忽视了自己的弱点。

宋朝大文豪苏轼在江北瓜洲地方任职，和江南金山寺只隔着一条江，他和金山寺的主持佛印禅师经常谈禅论道。

经历一段时间的参禅悟道之后，苏轼觉得自己修禅大有进步，便提笔赋诗一首，派遣书童送给佛印法师，诗的最后一句是：“八风吹不动，端坐紫金台。”（注：“八风”在佛教里指的是“讥、毁、苦、乐”等八种影响人的情绪。）

佛印看后，笑而不语，提笔在诗上批了两个字：“放屁”，随后叫人送还回去。

苏轼本以为自己的诗会得到佛印的赞赏，没想到佛印竟然羞辱自己，他大发雷霆，随即乘舟过江，准备找佛印理论。没想到佛印禅师早站在江边等待了，他哈哈大笑：“哦！你不是说自己‘八风吹不动’吗？怎么‘ 屁打过江’了呢？”

苏东坡闻言，惭愧不已。

与佛印相比，苏轼的气场还是差了那么一点点。这并不是说佛印法师是个完人，只不过是对于参禅悟道来说，一切了了，全都放下。而苏轼却没有意识到自己爱炫耀、易怒的弱点，他的气场怎能不是存在缺陷的呢？

你知道自己最短的那块木板在哪里吗？让我们来一起找找看……

人类的行为95%是透过习惯做出的，不良的习惯是每个人最大的缺陷之一。因为习惯会透过一再的强化重复，定型成不可迁移的不良个性，也就是恶习。诸如，懒散、酗酒等，它们就像寄生在我们身上的病毒，慢慢地吞噬着气场的能量。想一想，你平时有什么不好的习惯吗？这是第一个可以找到短板的地方。坏习惯越多，气场力量就越容易被削弱，你离成功就越远。

想一想，来自别人的评价中，哪些是你不愿意听到，却又是经常听到的？并非我们自己所愿意的，我们总能直接或者间接地听到一些他人对自己的评价，这当中也肯定有你不愿意听到的、或听到了但又非常不乐意接受的话。有一个成语是“忠言逆耳”，别人作为旁观者总是能清楚地发现你身上的弱点，你要在意别人对你不中听的评价，这其实就是第二个可以找到短板的地方。

当你做自我介绍时，哪些评价的话是你会回避的？哪些话是你不愿意说出口的？比如，优柔寡断的个性、创造力不足、经验与经历的欠缺等，这些就是第三个可以找到你短板的地方了。

想一想这三个地方，你找到你的短木板了吗？如果你知道了，就应该马上行动了，或者改变自己的行为模式，或者改变自己的心态和看法，或者……相信不久以后，肯定会有一个崭新的你出现在众人面前。

7. 关照内心，净化气场

气场是你自身散发出来的能量场，如果你的本质是纯净的，那你的气场就是干净、芳香、明亮的，并且闪烁着美丽的光芒，环绕着你并保护你。如果你的本质是浑浊的，你的气场就可能会表现出贫乏、微弱，甚至是不存在的。

如果你希望获得一个较强大、有活力又有弹性的气场，那就要懂得时常地进行自省，及时地将破坏自己气场的污点，如欲望、抱怨、私心、嫉妒等赶出你的身体。

我们的内心总是有一些不光彩的想法，但这并不要紧，人都有各种各样的不足之处，不可能样样都毫无瑕疵、尽善尽美，不过你完全可以通过自我反省来消灭心灵的恶魔，避免为心魔所害。

自我反省是一次检阅、一次提升、一次重新认识自己的机会，是净化心灵的手段，是提升自我修养的最高境界。一个善于审视自我的人，就像可大可小的柔韧的容器，总能为自己制定适宜的目标，将自身能量收放自如，他们的生活一定是远离平庸和愚蠢的。

是选择消极的逃避，还是积极的自省，将在很大程度上影响着一个人的前途和命运。

夏朝时，大禹有个儿子叫伯启。一次，敌人兴兵，夏禹就派他的儿子伯启作为统帅发兵抵抗。结果，伯启战败了。他的部下非常不服气，一致要求负罪再战。

伯启说："不用再战了吧。我的地盘不比敌人小，兵马也不比他们差，结果我竟然被打败了，这是怎么一回事呢？我想，这错一定在我身上，或许是我的品德不如敌方将领，或许是教导军队的方法有错误，我得找出自身的问题所在，加以改正再出兵不迟呀！"

从此以后，伯启立志奋发，爱护百姓，尊重并任用有贤能的人才，从不讲究个人的衣食，他的城池和军队更是一天天强大起来。几年以后，敌人得知这个情况，非但不敢再来侵犯，还甘心地归顺了伯启。

净化自身的过程犹如用锋利的手术刀解剖自己，毫无疑问是痛苦的，但唯有这样，自己的缺陷才能明白显露，心灵上的污点才能得以驱除，气场才得以保持洁净，取得成功的可能性也才能越大。

正如古希腊哲学家苏格拉底所说："未经自省的生命不值得存在。"生命的意义在于觉悟、自省、进取，苏格拉底将生命中的大部分时间用于自我检查，他也因此而成为了一个有超强气场的人，影响了无数的后来者。

华为集团是一家全球领先的电信解决方案供应商，在军人出身的任正非总裁的带领下，华为在业界演绎了一幕幕传奇，缔造出了一个个神话。2000 年，正当企业如日中天的时候，任正非满怀忧患地写下了《华为的冬天》一文。文中说道："十年来我天天思考的都是失败，对成功视而不见，也没有什么荣誉感、自豪感，而是考虑怎样才能活下去，也许才能存活得久一些。失败一定会到来，大家要准备迎接，这是我从不动摇的看法，这是历史规律。"

任正非是一个不断内省的人，正是因为受他的影响，华为集团也因此布满了自省意识和危机意识，才能在日益激烈的竞争中跟上时代的步伐，实现快速转型，获得机遇和成功。

那么，我们应该如何进行自省呢？

（1）拿出一个小本子，仔细、全面而诚实地检视自己心灵的特点，不论这些特点是积极的还是消极的，并据此列一个清单。在自己每个消极特点前面写上抹除这个缺点的对应方法，并在它后面画一个减号；在每个积极特点上画一个加号。每天都浏览一下这个清单，告诉自己："我要 × ×，不要 × ×"。

（2）通过对自我言行的回顾和反思，针对自己所要努力的方向或改正的缺点，选择一些警句名言，对自己的言行做出规定，书写出来，挂在室内，或夹在书本里。以"一日之所为""一日之功过"来进行自我评价，时时校准、对照和检查自己，提醒自己改正缺点，不断进取。

总之，我们要像天天须洗脸、天天要扫地那样天天自省，以保证自己有健康的人格和情绪。当你的健康情形良好，情绪又开放至一个合理的程度时，你会有一个强大、有活力又有弹性的气场。

8. 引爆气场，天下没有陌生人

在潜意识中，你都在拒绝陌生人，最尴尬的事情也莫过于直面陌生人。那时候你的眼神游离，扭头转脸，或者随意地敷衍而过。看，我们很多人的第一选择都是这种消极的处理方式……

我们惧怕陌生人，并不是陌生人给我们什么危害，而是我们的心灵深处戒备多疑，潜意识里优先护卫自己不受侵犯，从而产生了强烈的不自信，踌躇不前，气场收缩，魅力打折。这样即使无比渴望释放自己的能量，也会由于气场的薄弱错过机会！

问题的关键是，全球的信息时代已经到来了，社会正越来越从传统的熟人社会走向陌生人社会，家庭变得小型化，而这使得一个人的社会交往日渐扩大，让你的生活和陌生人产生千丝万缕的联系。一个人认识的人越多，他在人群中的地位就越重要，调动人际关系为自己服务的能力也就越强。无疑，当更多的人围绕着他服务时，他所展现出来的气场是卓越超群的，如此就能吸引各种不同的力量与机遇，成就自己的事业！

面对陌生人，要继续逃避下去吗？不，你现在就要开始积极地直面陌生人！做起来很简单，那就是主动靠近对方。只要你拥有足够的勇气迈出第一步，只是刹那间，你坦然的气度和自信的神态马上就出来了，无与伦比的辐射力会征服对方的眼睛和内心。毕竟，这一点不是人人都能够做到的。

在华盛顿一个著名贵族举办的豪华宴会上，IBM 公司的柯马·凯布出尽了风头，不但令在场的所有女士都对他倾心不已，所有男士也都对他抱着极大的兴趣和好感。

但是，谁也想不到，一年前的凯布还是个“讨人厌”的小人物。为了发展客户，他千方百计弄到一张张商行聚会的邀请信，但是站在灯火辉煌的宴会大厅，他总是表现得极为羞怯，就像一个从未到过城市的乡巴佬：闪烁的眼神、游移的目光以及尴尬的不断变换的姿势……即便有人主动问候凯布先生，他也总是有意地回避对方。结果显而易见，人们给凯布的印象分是零，甚至根本没有人在意他。

凯布受到了沉重的打击，他沮丧地向心理学家哈里教授求助。哈里教授拥有一双犀利的眼睛，能看穿任何人的心事。他笑着说：“凯布，你得熟悉这里，并让他们熟悉你，不然就会被社会抛弃。没有任何力量可以帮你改变这个现实！”

凯布站起来，来回踱步，重新思考自己。他要做一个重要的决定，“来吧，陌生的人们！”凯布突破了这一关，他昂首挺胸地走进宴会大厅，主动地走向每一个人，热情洋溢地介绍着自己。渐渐地，他彻底融入了陌生人社会，习惯了被人关注并去征服客户的生活。

不久，凯布征服了整个华盛顿的上流社会，他的年销售额最高达到了 78 万美元，创下了当时的单人销售纪录，而且连续四年居于北美区首位，受到了公司总裁的表扬，而且他还找到了终生伴侣——一个名叫艾琳娜的美丽女子。

主动走近对方，这只需要仅仅3秒钟的时间，却可以在最短的时间内激发一个人全部的潜能，展现出一种足够慑人的气场，帮助你进入陌生人的世界，或者赢得竞争。这就是3秒钟发生的奇迹!

20世纪60年代，耶鲁大学的社会心理学家米尔·格兰姆提出了著名的六度分隔理论，即在现代社会，你最多通过六个人就能够认识世界上任何一个陌生人！格兰姆还指出，“没有你不能搭上关系的人，只要他居住在这个星球上，哪怕他是肯尼迪或者尼米兹上将。”

Freda是一名皮包公司的销售员，为了多推销一些皮包，以便多拿一些提成去支付学费和生活费，她为自己制订了一份“恐怖”的计划：每天在下班后至少拜访100名陌生客户。公司傍晚6点下班，扣去吃饭及客户之间的路途间隔，Freda至少忙碌到凌晨两点，每天只能睡四五个小时。

开始时，同事们都对Freda的计划感到不能理解：“假设每名客户需耗时3分钟——自我介绍、产品介绍及留下联系方式，这是最基本的时间底线——100人就需要300分钟，也就是5个小时。人的精力是有限的，何况是用如此低效的办法。”

在第一个月，Freda的“100名陌生人拜访”计划对她没丝毫的帮助。但是从第二个月起，渐渐有留下联系卡片的陌生人打电话过来，询问 Freda 是否还有皮包可卖。第三个月，这些日子积累下来的潜在客户群逐一被引爆，他们还将 Freda 介绍给了自己的亲戚朋友。就像细胞裂变，Freda 的生意火得不得了，电话快被打爆了。毫无疑问，她成了公司最优秀的营销员，薪水猛增。

事实上的确如此，真正的陌生人是不存在的。只要愿意，我们就可以通过一条互相沟通的渠道结识另外一个人。而每日尝试认识 100 个陌生人，无论效果如何，对一个人的气场都是超出想象的锻炼和提升！

当然，我们必须懂得自己最基本的优点在哪里，这一点非常重要。因为主动走近陌生人，是一种勇敢地迎接残酷的“被选择”的方式，就是让你在一个公平的规则面前勇敢自信地展示自己，展示独特的魅力，展示最具吸引力的优点，逼出内在自我全部的潜能。

有些人也能做到主动地结识陌生人，但是取得的效果却不尽如人意，就是因为他们不善于利用自己的优点。没有自己的突出之处，不能给别人留下深刻的印象，你的气场也就无从发挥作用。

Allen 自小在外语学校读书，十多年的连续深造使她的外语能力超乎一般，在加入公司之后她发现自己的外语绝对可以派上大用场，于是她更加大胆地发挥起来。她积极地主动结识在中国的外籍人士，也热心帮助本地员工和海外公司进行交流。久而久之，

Allen 成了本地员工和老外之间密切合作的桥梁，甚至在公司各种活动中她都成了公认的主角。人们对 Allen 的贡献有目共睹，Allen 在公司的地位由此也变得牢不可破。

聪明的 Allen 在一个个陌生的环境里发挥了自己最大的优势，所以才有可能成为磁场的中心。每个人都有属于自己的优点，善于利用自己的优点，展示自己最有魅力的一面，才能打遍天下无敌手，并在实战中不断将自己的优点练得更强，让自己更有吸引力和征服力。

总而言之，与所有的从熟人社会向陌生人社会进发的人们一样，我们都会面临着这样一个共同的目的：尽快获得陌生人的好感！不过，这并不是什么神话或者一个虚无缥缈的梦想，只要你愿意做出积极的改变。

CHAPTER/03

两极：心态属性决定气场的结果

气场能否平衡运转，往往取决于正性能量、负性能量的强弱对比。一旦负性能量占据上风，你将变成一个畏畏缩缩、自怜自怨、悲观绝望的人。唯一的解决办法，就是加强正性能量的补充，一点点PK掉负性能量。

1. 你暖，别人也会对你暖

有一则关于豪猪的寓言，说是一群身上长刺的豪猪，冬天到了，它们之间如果离得太远，就会觉得寒冷，而离得太近，又会被对方刺疼。在人际场上同理，不是每个人的气场都是健康、温和的。

在某种程度上，我们每个人身上都长着“刺”。这些刺大体源自：受过伤害，没有安全感；极度自闭、自卑或者自大；对人际规则不熟悉等。它常常没有缘由就会主动出击，刺痛走近我们的每个人。当然，一旦我们刺到了别人，别人也将刺到我们，几乎所有人都有过这样的体验。

Luoly 是一个温柔贤淑的女人，但却很少有人喜欢和她做朋友。原来，Luoly 曾经被一个朋友伤害过，这使她对别人持续抱有警惕心理。在办公室，她总是喜欢独坐在自己的位置上，有意拒绝与别人的交流，似乎对别人根本不关心。

刚一开始，同事们还会友善地和 Luoly 打招呼，但 Luoly 回应的总是一副冷冰冰的脸色，让对方很没面子。渐渐地，大家也就对这位冷美人敬而远之了，甚至还有些小小的厌恶，毕竟谁也不欠谁，她凭什么摆脸色给人看啊？一段时间后，公司组织全体工作人员进行互相评价的活动，并决定提拔得分最高者为新主管。毫无意外地，Luoly 是最低分，她心里很不平衡：“我能力出众，做事尽职尽责，可为什么公司没有人把我当朋友看，对我的评价差得要命？”

人力资源部主任了解情况后，找 Luoly 进行了深入的谈话，并指出“如果你因为受到某一个人的伤害而将其他所有人都拒之在外的话，是永远得不到快乐的。”

后来，Luoly 开始尝试着微笑地和同事打招呼，热情地帮助别人。慢慢地大家对她产生了一种亲切感，自然而然地就喜欢和她做朋友了。有好的能力，又有了好的人缘，Luoly 很快便得到了晋升。

身上有“刺”，自己的气场就会变得不健康。整个人就像长满刺的豪猪、仙人掌和玫瑰，不敢碰，碰一下刺得满手是血，让人敬而远之。人们之所以不喜欢 Luoly，正是因为她身上或多或少地存在着软硬不一的“刺”。因为受过某一朋友的伤害，她对所有朋友都产生了警惕、厌恶心理，或者还有些敌对。这种“让别人受伤”的还击方式，看上去是保护了自己，但实际上却会导致气场慢慢消散，变得不健康，即使本来打算走近她、想与她交朋友的人，也会因这种不良气场望而却步、敬而远之。这样是难以建立起好的人际关系的，要想发展事业更是困难。

如果你渴望与他人拥有深度的人际交往，就一定要勇于拔掉自己身上的“刺”。只有这样，我们才有可能找到与他人舒服相处的方式，才有可能将陌生关系发展成熟悉关系，乃至深度关系，才有可能回到正常的心理状态，互相感受到对方最有魅力的气场，以及获得幸福的人生体验。

西奥多·罗斯福是一位深受美国人民爱戴的总统，无论走到哪里，他总是会友好地向每个人打招呼，就像多年不见的老朋友：“嗨，桃瑞斯，你最近很忙是吗？”“杰克，你的胃口还好吗？我想你是离不开酒瓶的，什么时候我们喝一杯？”

安德烈是罗斯福的贴身男仆，他和妻子住在一栋小房子里，离罗斯福的住处很近。他非常热爱罗斯福。他向人们讲述了这样一个故事：

有一天，安德烈的妻子问罗斯福总统野鸭是什么样子，因为她一生都没离开过华盛顿，也没机会到野外去看野禽。尽管罗斯福总统耐心地向安德烈的妻子描述了野鸭的模样和习性，但是安德烈的妻子还是想象不出来野鸭的样子。第二天，安德烈房里的电话响了，安德烈的妻子拿起电话，电话那头传来了罗斯福的声音，“快看，我们房子外面的那片草地上就有一只野鸭。”

拜访白宫时，罗斯福会去客厅，会去接待室，也会去厨房。

在白宫服务了三十年的厨师史密斯含着热泪说：“罗斯福总统是我们的好朋友，他总是那么温和，那样关心人，这怎能不让人感动呢？”

罗斯福为何具有如此巨大的吸引力呢？因为他总是温和、热情地对待身边的人，这是一种亲善感、友好感的表示，更是一种信任和尊重。无形间会形成一种亲切、友好的温和气场，从而让人瞩目并使人亲近。

这就是气场的魅力。健康的气场不仅会给你营造一份难得的好心情，更是树立良好形象、构筑人际关系的一种不可或缺的细节。这一点并不难办，如果你愿意，请相信你随时都可以将自己塑造得更有气场！

2. 人一胆怯，气场就衰了

有这样一个古老的寓言：

魔鬼曾向人们出售他的所有的商品，憎恨、恶念、嫉妒、绝望，还有疾病等，每一个上面都标好了价钱。但在桌子的一角，有一件商品虽然看起来破旧不堪，但它的价钱却远远高出其他商品，价签上写着它的名字——胆怯。有人好奇这究竟是为什么，魔鬼回答说："使用它比其他工具要更容易，因为我可以用它打开任何一扇紧闭的大门，一旦进了门我便可以为所欲为。"

在前面我们已经讲过，气场是这样一种玄妙的东西，当你心中不断重复某个概念的时候，不管你喜欢还是不喜欢，它都会吸引这个概念的到来。假使你时常胆怯，总是害怕可能出现的困难和挫败，担心自己难以达到成功，那么很有可能你就难以成功，因为你中了魔鬼的"毒药"，耀眼的光芒已经被遮挡住了。

看看那些容易胆怯的人，他们虽然非常渴望得到成功，但是怯于现实和理想之间的差距，往往没有一点去拼搏的可能，也不会对自己的成功理想进行持续关注。这种人的气场总是衰弱的、收缩的、不健康的，注定无法散发出吸引人的磁场，意识也经常陷入东躲西藏的状态，让自己难以获得成功。

哲学家苏格拉底说过："人失去了勇敢，就失去了一切"。也就是说，人只有首先战胜胆怯，做到无惧无畏，内心单纯心无杂念，才能获得勇敢，才能够拥有一切，包括气场、成功等。

那么，究竟如何让自己不再胆怯，让心中的恐惧消失呢？那就是牢记你的目标，牢记你将来的成功，从而轻视、藐视，甚至是无视过程中的艰难险阻。这样，你的气场才会具备势不可挡的征服力，这比气势重要得多。

弗洛姆是美国一位著名的心理学家，有一天他带着几个学生走进了一间伸手不见五指的神秘房间。在弗洛姆的指引下，学生们摸黑很快地穿过了一座架在房间中间的木桥。接着，弗洛姆打开房间里的一盏灯，学生们才看清楚房间的布置，不禁吓出了一身冷汗。原来，这间房子的地面是一个很深很大的水池，池子里蠕动着各种毒蛇，有好几条毒蛇正高高地昂着头，朝他们"嗞嗞"地吐着信子。

弗洛姆看着学生们，问："现在，你们还愿意再次走过这座桥吗？"

大家你看看我，我看看你，都不做声。

弗洛姆又打开了房内另外几盏灯，强烈的灯光一下子把整个房间照得如同白昼。学生们揉揉眼睛再仔细看，才发现在小木桥的下方装着一道安全网，只是因为网线的颜色极黯淡，他们刚才都没有看出来。

弗洛姆大声地问："你们当中有谁愿意现在就通过这座小桥？"

过了片刻，终于有两个男学生犹犹豫豫地站了出来。其中一个学生战战兢兢地踩在小木桥上，异常小心地挪动着双脚，速度比第一次慢了许多；另一个学生一上去身子不由自主地颤抖着，才走到一半就挺不住了，干脆弯下身来，慢慢地爬了过去。

弗洛姆语重深长地说："桥下的毒蛇对你们造成了心理威慑，你们胆怯了，乱了方寸，慌了手脚，所以走得那么艰难。但刚刚进来时，你们只想着过桥，黑暗里也不知道桥下的景象，不是走得很好吗？现在为什么不试着忘记桥下的景象，就像来时一样呢？"

说完，弗洛姆便目视前方，稳稳当当地过桥了。过了一会儿，学生们也开始陆陆续续地过桥了，他们走得很好……

其实人生又何尝不是如此？在面对各种困难和挑战的时候，我们之所以心生胆怯，举步维艰，不是没有把整个局势分析透彻，反而是因为把困难看得太清楚、分析得太透彻、考虑得太详尽。

相反，那些强者之所以成为强者，是因为他们敢为别人所不敢为。他们的气场是往外扩张的，坚韧而顽强，反过来这种健康的气场也会帮助他们战胜各种困难和阻碍，得到更多的好运。

惧怕行动，不冒风险，求稳怕乱，平平稳稳地过一辈子，虽然可靠，虽然平静，虽然可以保住一个“比上不足比下有余”的人生，但又是毁灭气场的无情“杀手”，只会葬送一个人原本无穷的潜能。

与其畏畏缩缩地过一生，不如作一个敢于冒险的英雄。勇于冒险，你就能比你想象的做得更多、更好。因为在勇冒风险的过程中，你会不断地向自己提出挑战，不断地激发出自己的气场，也就能不断地挖掘潜在的能力，受益终生。

虽然勇于冒险是修炼个人气场的关键因素之一，但需要注意的是，冒险不是赌“运气”，而是依靠理智而行。如果不懂得判断行为的可能性，就孤注一掷，冒冒失失地去做，这就是鲁莽轻率的举动了，而这种气场是浮躁、悬浮的，大多也不容易取得成功，甚至是在亲手制造失败。

3. “蜂王”，只能有一个

不少人总是习惯于为第一而奋斗，因为第一意味着鲜花和掌声，意味着荣誉和尊严，但他们却没有认真地想过，第一的诱惑总在眼前，于是他们就将永远向前，身心皆被驭使着，生命可能就会变成劳役。当了第一的人尝尽众人之上的滋味，如果有所下落，感受的可能就是心理失衡。

可以说，当一个人总是试图在与他人争夺“第一”的地位，满足自身的虚荣心或者建立生命价值感的时候，事实上表明他并不清楚自己的价值重心在哪里——这是一个人内在气场虚弱的表现。这个世界之所以遍地平庸，强者少之又少，原因就在于此！

我们知道，气场之间的相互碰撞是随处可见的，在任何一个稳定的环境中，只能有一个统率众多气场的“主要场”，其他的“小场”不能对“主要场”起到威胁作用，这就是自然法则。

所以，面对第一，最好的办法不是拼个你死我活，而是积极地找准自己的方向，并选择一条适合自己的路，让自己在其他方面成为“主要场”，化独赢为双赢，实现利益的最大化，这点很重要！

白岩松从一名平面媒体记者转行作电视节目主持人后取得了巨大成功，也许他从没有想到自己可以在这个领域达到如此的高度，而伴他一路前行的信念就是凡事并非强求强争，懂得放弃与转身。

他曾说："第一是不靠谱的，随时会更迭。不争第一不意味着不努力，只是不要费尽心思非要争第一。就像长跑一样，长跑最后能取得很好成绩的人，不一定一开始就领跑，但是必须让自己保持在这一方阵之中，最后比的是韧性和耐力。"

对一个作了很长时间电视节目的主持人来说，最重要的是能够时刻保有一个继续向前走的动力和勇气。而多年来，白岩松就一直以长跑选手来定位自己，不因一时荣誉而不知所以，也不因一时打击或挫折而如临深渊。只是扎实、坚定地跑好每一步，时刻调整好自己的节奏，从而获得了他游刃有余的人生。

与人无争、与己有求。只有学会和自己赛跑，你才能为自己制定适宜的目标，找到真正属于自己的位置。当清楚地看到自己的成果时，你的成就感会更大，会让自己成为一个拥有强大气场的人。

人际交往中，时常会出现意见不合的情况，争执也在所难免。对一些小小的皮毛问题，有些人却喜欢争得不亦乐乎，非得说上点儿什么，谁也不肯甘拜下风，说着就较起真来，以至于非得决一雌雄才算罢休。

殊不知，争论本身就是一件没有意义的事。你与他人争论输了，你在气势上就软了；就算争论赢了，你一样是输了，因为你伤害了对方的自尊心。失去了沉稳、气度，变得狭隘、恶语连篇，甚至与对方的气场产生相斥作用，如此怎么还能够散发出好的气场呢？

要记得，一个集体就像一群蜜蜂一样，一个蜂巢里面只能有一个蜂王，只有这样才能分工明确，各司其职，各尽其才。如果人人都当“蜂王”，势必会使出“王者之针”进行王者之战，最终两败俱伤，得不偿失。

那些气场强大的有经验和有涵养的人，他们与别人产生矛盾时，总是秉承以和为贵的原则，用自己强大而正面的气场赢得他人的好感，提高自己在他人心目中的地位，从而广结人缘。如果是迫不得已被卷进了争吵中，他们也会表现得非常有气度，甚至甘愿充当失败者。

二战刚结束时，戴尔·卡耐基被邀请参加宴会，这次宴会是专门为一位被英皇授予爵位的英雄而举行的。

宴席期间，一位声名显赫的先生讲了一段幽默的故事，并引用了一句话，大意是“谋事在人，成事在天”。那位健谈的先生随后补充到，他所征引的那句话出自《圣经》。卡耐基一听就知道他错了，他敢肯定，那句话出自莎士比亚的《哈姆雷特》，而且他清楚地知道出自哪一场。为了表现出自己的优越感，卡耐基纠正了他。

这时候，那位先生立刻反唇相讥：“什么？出自沙士比亚？不可能！绝对不可能！那句话就是出自《圣经》。”

卡耐基继续说：“不信的话，你可以问问坐在我旁边的这位先生，他是我的朋友法兰克·葛孟。他研究莎士比亚的著作已有多年。”葛孟听了，在桌子底下踢了卡耐基一下，然后说道：“卡耐基，你错了，这位先生是对的。这句话的确出自《圣经》。”

宴会结束后，卡耐基私下里问葛孟：“法兰克，你明明知道那句话出自莎士比亚，你为什么要撒谎？”

葛孟回答：“没错，我当然知道。那句话出自哈姆雷特第五幕第二场。可是亲爱的，我们是宴会上的客人。为什么要证明他错了，证明自己比他要优秀呢？他并没问你的意见啊，他也并不需要你的意见。”

任何气场，要影响他人，甚至让人屈服，必然强大。强大的气场，虽然可以影响到别人，但也会给别人强大的压迫感。为了抵消强大气场带来的压迫力，我们必须找到抵消压迫感的方式。在遇到分歧和争论的时候，“认错”和“宽大”正是用亲和力抵消压迫感的一种方式，是一种超越“优越”和“权威”的气场。有了这种亲和性质的气场，人们才会愉悦地接受你，甚至向你“投降”。

放轻松一点吧！我们都是和自己赛跑的人，人最大的敌人不是别人而是自己，你要学会和自己比第一，而不是和别人争第一。当自己越来越好时，你才能拥有超大气场，真正获得成就感。

的确，人生是一场人人皆参赛的“龟兔赛跑”。谁跑得快或慢，不到最后一秒钟谁也不知道谜底。站在第一位置的人不一定是胜者，更多的时候是第一总是一时的风光，却换不来一世的顺畅。

“打工皇帝”唐骏曾说：“论成功，如果与比尔·盖茨和陈天桥比，我可能永远比不上，但我和自己5年前、10年前比，我成功；论打球，我永远比不上姚明，但我今年就觉得比去年进步得多。”

找到自己的价值所在，无论何时都充满自信，这就是我们作为一个人拼搏的真正魅力。

4. 对抗：我命由我不由天

假如你只有一个柠檬，你会怎样？

大多的傻子会自暴自弃地说：“我完了，我的命运真悲惨，我命中注定只有一个柠檬。”然后，他就开始诅咒这个世界，自悲自怜。如此，他的内心也就凝聚一股消极的气场，陷入抱怨和诅咒命运的怪圈中，一辈子只能自卑自怜，毫无作为。

但是，当聪明的人拿到一个柠檬的时候，他的做法正好相反。他会微笑着问自己：“从这件不幸的事情中，我可以学到什么呢？我怎样才能改变自己的命运，把这个柠檬做成一杯可口的柠檬水？”

人生总会有不顺心的时候。面临困境，是只要你能够及时地自我调整，换个角度重新审视自己的生活，你会发现，糟糕的事情其实也是一件好事。重唤起对美好生活的向往，你的气场就是健康而强大的，同时吸引来的也必将是美好的东西。

气场的强弱，关键在于内心力量的强弱；内心力量的强弱，关键在于一个人是如何看待问题的，这需要有才智才行。不同的人有不同的解决方法，这正是一个聪明人和一个傻子之间的重要区别。

凯斯顿是美国纽约20世纪福克斯公司的电影制片人，制作了20年的影片，可是突然有一天他被辞退了。他沮丧极了，不知道该怎么办。因为他认为电影制片是自己唯一能干的工作。

有一天，凯斯顿正心灰意冷地在大街上闲逛，迎面碰上了过去的一位同事。同事了解了凯斯顿的近况后，不以为然地劝说道："嗨，伙计，你这样一直担心下去有什么用呢？你为什么不去试试别的工作呢？"

凯斯顿非常沮丧地说："我觉得除了电影制片外，没有我能做的工作。"

"你的本事多得很，你忘记了吗？"同事诚恳地说道，"你是一个了不起的推销员。多年来你不是一直把许多电影构想推销给总公司的人吗？天晓得，你能把电影构想推销给这些老奸巨滑的人，你就能把任何东西推销给任何人。"

顿了顿，同事继续说道："此外，你一直为自己的影片写宣传企划，写得也不错，所以你干这一行一定没问题。而且，你也许可以开一家自己的演员经纪公司，大赚一笔，依我看来，你能选择的出路多得很。"

见凯斯顿仍然半信半疑，同事拍拍凯斯顿的肩膀，认真地说道："我知道，这些工作你以前没有做过，但是你如果不尝试去做，只是沮丧地守着刚刚丢失的工作的话，你永远都找不到工作。"

听了同事的话，凯斯顿突然觉得自己并不是不幸的人。

与同事道别后，凯斯顿在那个街角待了许久，尔后他开始寻找其他的工作。现在他不仅走出了人生的低谷，而且拥有了自已的电影公司，开始了新的人生。

这是奇迹吗？是奇迹，但也是必然。幸与不幸，其实一切都取决于你面对问题时的做法。当问题出现时，不站在原地自怨自艾，而是努力地寻找解决的方法，你的气场就会从微弱变得越来越强，而且你会发现，那些一直困扰着你的问题都不是问题。

再者，一个能够在众人的目光下无谓和坦然地把突然袭来的不幸变成幸运，给生活一个完美的答案的人，这种气场怎能不令人震撼，又怎能不像磁铁一般紧紧地吸引着别人的目光和心灵？未来还有什么障碍能够挡得住他呢？

5. 人生的关键处，就要杀伐决断

太平洋上的珊瑚环礁，是美丽的观光圣地。"海鹰号"的水手们心旷神怡，伯爵一面老练地操纵"海鹰号"，轻灵地避开水下的礁石，一面愉快地和水手们计划在前面的无人岛上来一次BBQ（烧烤大会），享受美好时光。

水手们一同欢呼起来，也许就是这阵欢呼，惊醒了一个睡在海底的恶魔，它在两千米深的海底，已经等待“海鹰号”好久了。就在这时候，平静的海面忽然发出一阵疯狂的喧嚣，剧烈地震荡起来，一道巨浪腾空而起，从前面直奔毫无戒备的“海鹰号”。

伯爵惊魂稍定，连忙调整“海鹰号”的方向，往后倒退，同时还不忘嘱咐水手们将大部分食物、设备等物资扔出去。但是海浪越逼越紧，一道二十英尺高的海浪把“海鹰号”高高抬起，然后重重地抛上了礁盘。伯爵马上意识到自己的船已经无法挽救——“海鹰号”的龙骨已经在这一击之下断成了两截。龙骨如同人的脊梁骨，这属于致命伤，伯爵果断地下令水手们弃船。

要知道，这是一条纵横万里的袭击舰，水手们对它喜爱极了，他们舍不得丢下它，寄希望于海浪过一会儿可以消失。伯爵见此，以严肃的口吻命令道:“准备弃船,立刻！马上！”并率先跳了下去。

最后所有的人员都转移到了无人岛，这里虽然无人，但是物产丰富，饿是饿不死的。而且，幸运的是在这场灾难中人员无一伤亡。要知道他们遇到的是一次剧烈的海底地震，无一伤亡的战绩既空前，恐怕也将绝后。

一事当前，一双双眼睛都在盯着你，等你做出一个决定，你是众人的焦点。这种决策的时机千钧一发，最考验一个人的气场和能力。

这时，你要做的就是果断拍板，并做好承担一切结果的代价，就像事例中的伯爵船长一样。这是气场的绝佳展现，是经过实践检验自己的气场，进一步强化自己气场的经验，会吸引来好运和成功。

我们每一个人都生活在多个不同气场的环境里，你是果断行事，还是犹犹豫豫，都会给周边的人注入一股力量。当你的果断为团队争取利益时，那么你所带来的气场必然是健康的，正面的，强大的，足够有影响力的。即使你偶尔犯些小错误，也不会给事业带来致命打击，因为这种气场的存在已经让你的声望和威严得到提升。

比如，当凯撒率领他的军队在英国登陆时，他果断地当着士兵的面，把所有的船只烧毁殆尽。他要让他的军士们明白，此次进攻英国，不是战胜，就是战死，要摒除一切退路。最后他大大鼓舞了全体军士们，并取得了巨大的成功。

如果你还在犹豫，坐失良机，你想过结果吗？

很多事实证明，那些在关键时刻不能做出英明决断，举棋不定，犹豫不决、不知所措，生怕会犯错的人，是世间最可怜的。因为他们的气场会透露出一种恐惧和担忧，给人一种懦弱无能的印象，日后他的影响力和感召力都会受到影响。要知道，没有人会尊敬或跟随一个胆小怕事的人。如果恰巧你平日里是个气场十足，一到关键时刻却疲软下来的人，那么这个反差只能让人讥笑。

更悲哀的是，过多的犹豫会导致更彻底的失败。我们大概都听过“断尾求生”的故事：遭遇敌害的时候，壁虎通常会弄断自己的尾巴，让那条断尾继续跳动，分散敌人的注意力，以便让自己逃脱。如果它犹豫不决的话，那么最终的结果就不是少了条尾巴，很可能是送了命。

当然，做出选择和放弃时，都是痛苦的。但是为了整体的利益，你必须当机立断，拿出勇气和魄力做出果断的决定，才会有机会重新开始，获得新生！果断，决绝，能够帮你提升外在的气场！

你一定会问：如何才能够当机立断呢？这就需要你在行动前做好准备，尽量收集各种信息，形成一个较为成熟的想法，知道如何去做。心中有数，明确了方向，接下来就要付诸行动，马不停蹄地去做。如果凡事都能延续这样的思路和方法，那你就会胸有成竹，一步一步地走向成功。

亚默尔是美国的实业家，他就是个果敢的人，而这种说干就干的性子，也着实将他推向了成功。那天，亚默尔和往常一样，坐在办公室里看报纸。突然间，他发现了一条非常重要的时讯：墨西哥可能发生了猪瘟。亚默尔随即想到：如果墨西哥出现了猪瘟，那么加利福尼亚和得克萨斯州必然会受到影响，一旦这两个地方出现疫情，肉价一定会飞速上涨，因为这两个州是美国肉食生产的主要基地。

亚默尔没有犹豫，连忙让他的私人医生到墨西哥进行调查。果然，墨西哥真的出现了瘟疫。亚默尔连忙筹集资金，大量收购得克萨斯州和佛罗里达州的生猪和肉牛，并将其运送到美国东部的几个州。事情正如亚默尔所预料的那般，瘟疫很快就蔓延到了美国西部的几个州，美国政府下令禁止这几个州的生猪和肉牛外销，必须就地销毁。一时间，美国国内市场的肉类产品紧缺，价格飙涨，亚默尔抓住了这个时机发了一笔大财。

当你能够杀伐决断，你气场所散发的光芒是令人眩晕的，它所爆发出来的能量更是不可估量的。

人这辈子，真正能够成就自己的机会不多，要想站在高处指点江山，就要在机会面前果断决策、果断抓牢。气场足够强大的人，下决心时十分果决，而且一旦下定决心，无论外界环境如何恶劣，都不忘初心。这样的人不仅能够抢占先机，而且还能创造出越来越多的机会。

6. 压力越大，越要激流勇进

这里所说的压力，即为外部压力事件对我们的刺激作用。个人关系、工作和经济状况等生活变化都会给我们形成压力，谁也逃脱不了这种压力。压力面前，你是败退的“逃兵”，还是迎战的“勇士”呢?

英国前首相撒切尔夫人被世人公认为“铁娘子”，她作风刚毅、坚韧，尤其是面对压力时，总是能以不屈不挠的精神坚定地走下去。

1981 年是撒切尔夫人执政的第三个年头，这一年北爱尔兰问题给英国局势带来了太多的不安和紧张。这年 3 月 1 日，曾因多次进行暴力活动而被捕入狱的北爱尔兰共和军成员桑兹要求政府给予被关押的七百名共和军以政治犯待遇。撒切尔夫人立即坚决拒绝了这一要求，宣布桑兹等人杀人放火，无权享受政治犯待遇。但桑兹得到了北爱尔兰天主教徒的热情支持，竟当选为英国下院议员。他对外宣称，他要绝食，不成功便成仁。这一事件立即引起了国际的关注，各界说客纷至沓来，但撒切尔夫人依然故我。

5 月 5 日，绝食六十六天的桑兹死去。消息传开，英国各地暴力事件频频发生。国际上，爱尔兰、美、法、希、葡、挪、澳等国也出现了很大规模的抗议活动，连许多政坛要人也纷纷指责撒切尔夫人。

面对国内外的强大压力，撒切尔夫人顽强地忍受着一切指责和非难。她坚持自己的立场，声称对共和军囚犯让步就是给他们颁发屠杀无辜的许可证，并表示那些追随桑兹的绝食者是自愿送死，当局绝不干涉。

10 月 3 日，绝食者经过七个月，在死了十名同伴之后，终于宣布停止绝食。撒切尔夫人胜利了。

这场政治斗争姑且不论谁对谁错，但其过程和结果却给我们这样的启示：在压力面前，勇于承受压力，并坚持住，就是胜利。这不仅是政治家所应具有的美德，也是许多成功者成功的奥秘。

这是因为，压力最能反映一个人的气场强弱。俗话说，“生于忧患，死于安乐”，在没有压力的安逸状态下，思想会松懈，意志会消沉。相反，压力可以促人奋发图强，激发潜能，成就梦想。

有一句话说“承受压力的重荷，喷水池才喷射出银花朵朵”。大凡气场健康的人，都能够承受各种各种的压力，并把压力当成推进人生的动力，我们可以把这种成事之道归结为“压力推动法”。

相反，一遇到压力就逃走，压力并不会消失不见，反而会导致林林总总的过错和失误，让自己的气场陷入一片混乱状态，没有任何的抵抗力和竞争力，甚至可以说是一触即溃。

有压力不是什么大不了的事情，关键的是你如何变压力为动力，在压力中寻找和抓住机会，想方设法度过难关，这是我们面对压力，化解压力的正确办法，也是我们培养自身气场的途径之一。

刘俊是某电器公司的一名推销员。前段时间公司给每一个销售员制定了工作任务——要在一个月内销售100件电器。到那月最末的周五时，只剩下两天时间了，刘俊已经成功地销售了80件，离要求还差20件。

刘俊的同事有的成功销售了七十多件，有的是八十多件，也有九十件的。很多人认为两天内完成工作任务有些不可能了，所以很多人在周五结束了一周的工作，刘俊却在星期六的早晨又回到了工作岗位。

到了下午 2 点钟，刘俊还没有做成一件买卖，他想到了放弃，但是他记起了自己的自励警句，热情地把它重复 5 次："成功是由那些肯努力的人所取得的，并为那些积极而不断努力的人所保持的。"大约在那天下午 5 点钟，他已完成了 13 件交易。这距他的目标只差 7 件了。他又热情地重复几次自己的自励警句。

大约在那天夜里 11 点钟时，他疲倦极了，但他是愉快的：那天他做了 20 件交易！他是唯一一个达到公司目标的员工，他得到了很大一笔奖金，并学到一个道理：压力面前，逃避不能解决问题，迎战才能成功。

在面对压力时，刘俊如果选择逃避性的放弃，那么公司肯定不会给他奖金，还有可能会放弃他。刘俊就是化压力为动力，不仅出色地完成了任务，而且让他找到了"成功"的感觉和喜悦，气场得到了提升，真可谓压力成就了他。

假如你也能够把各种压力化为动力，并且能够乘风破浪拼搏的话，你肯定不会再去担心、害怕压力的来临了，而你的气场也将犹如勇士一样气势磅礴，将各种好事吸引过来。

7. 缔造金钱之外的高贵

一个人若被钱财所累，很少能活得坦然潇洒，他的气场都带有了一股戾气，这是一种病态。就像巴尔扎克笔下的老葛朗台一样，尽管家产万贯，却惶惶不得终日，得不到众人的喜爱和尊敬。

人生在世，是活得亮丽、温暖、踏实，还是活得阴暗、冷漠、浮躁，往往来自于对生命价值的体悟和人生境界的不断提升。那些在意内心感受，而不是金钱本身的人，他们无疑都拥有一份淡然的心境，气场也格外健康而迷人。

比尔·盖茨就是这样一个人。他很少关心金钱的问题，也不在意自己股票的涨跌。关于金钱，他认为："如果你认为拥有享用不尽的金钱，便可享受到常人不可企及的幸福，你就错了。其实，每当一个人拥有的金钱超过一定数量时，它就只是一种数字化的财产标志而已，简直毫无意义。"

有句古老的拉丁民谚说得好："当你把金钱当成仆人时，它是个好仆人；而当你把金钱当成主人时，它就是一个坏主人。"的确，金钱够用即可，除了金钱之外，我们还有健康、智慧等更重要的东西要去追求。

IBM公司的前总裁汤玛士·华生是美国商场上呼风唤雨的大人物，为了提高公司经营利润率，他曾不停地奔波于工作，即使被查出患有心脏病，他仍然不肯听从医生的建议暂置工作。

一段时间后，华生旧病复发，被医生严肃要求住院。华生一听，立刻焦躁地说："我们公司可不是小公司啊，我每天要忙个不停，还有忙不完的工作等着我，我怎么能安心住进住院呢？"

医生无奈地看着华生，叫华生一起出去散散步。一直走到郊外的墓地时，医生指着一个坟墓，轻轻地说："躺在这里的是一个家缠万贯的富翁，我曾多次劝他住院，但他说自己有挣不完的钱，等他挣足钱后再来医院时，我给他用了最好的药，动用了最先进的设备，但没能挽回他的生命。"

华生站在那儿沉默不语，思索良久。第二天，他写好了辞职申请，在医生的努力下，做了心脏手术，并且康复出院。但是，健康的华生并没有回到 IBM 公司继续供职，而是在乡下买了一栋别墅，过起了闲云野鹤的生活。"前半生我把工作完成了，后半生我要享受生活。"华生如是说。

物质上的享受固然可以给人以快慰，但代替不了知识、道德、荣誉、尊重、理解、友谊、爱情、成就感等。不为钱财所累，做一个超越金钱的人，这种健康的气场让人充满活力，能让人更加接近内心的自己，吸引和影响身边更多的人。

如果你不相信气场有如此神奇之力，那就看看邓立明的经历吧！

湖南沅江市普通公民邓立明夫妻俩都是下岗职工，经济条件并不宽裕，为养家糊口在当地开了一家名叫"博彩老地方"的门店。一次，他应彩民黄先生的电话约请，垫钱为其买了 329 元的彩票，结果其中一张 256 元的复式足彩中了一等奖。在黄先生并不知情的情况下，邓立明主动通知他来领回中奖彩票。

为了表达感激之情，黄先生将 万元交给邓立明。但是邓立明坚决不收，最后只按注额的百分之七收了 23 元的佣金。有朋友说邓立明太傻，邓立明反驳道："做人要诚信，如果当初我昧着良心私吞了那笔钱，一辈子都不会活得安心，更重要的是我会永远失去别人的信任。"

这件事情在社会上引起强烈反响，邓立明还被中国信誉论坛授予"中国诚信公民"称号。得知这个消息后，他感慨地说，"其实这只不过是我应尽的一份职责，没想到国家却给了我这么高的荣誉……"

气场就像一个水泵，当我们的能量如朝阳一般喷薄而出，我们就可以在自己的人生舞台上，更好地担当起责任和使命。当自己的人生价值与意义得到淋漓尽致的展现时，我们也就得到了人格的升华。

把钱财看淡一些，健康轻松地生活，将自己塑造得更有气场，把生活过得更幸福，何乐而不为呢？

8. 佛系，也是一种难得的气质

人生不如意之事十有八九。当被不顺心的事情萦绕时，我们很多人会产生郁闷、焦虑、激愤等情绪。心有滞碍，自然就难以发挥出全部的潜力，如此你的气场也必然是灰色的、收缩的、孱弱的，你怎么能吸引好运呢？

任何事情都有其既定的规律，与其百般思量，不如顺其自然。你最终会发现，即使事情不按照自己的计划进行，地球也会照样转，生活也照样继续。有时候，反倒能够“柳暗花明又一村”，获得意想不到的收获。

三伏天里，禅院的草地成片成片地枯黄了。小和尚对老和尚说：“快撒点草种吧！好难看哪！”老和尚挥挥说“等天凉了，随时！”中秋了，老和尚买了一包草籽，叫小和尚去播种。

秋风起，将撒下的草种吹得满天飞散，小和尚既着急又苦恼地跑进屋对老和尚说：“师傅，草种被风都吹走了。”老和尚回答：“没关系，被风吹走的都是空的，即便撒下去也发不了芽。担什么心呢？随性！”

草籽撒上了，一群小鸟飞来了，在地上专挑饱满的草籽吃。小和尚看见了，大喊道：“不好了，撒下的草籽都被小鸟吃了！”老和尚慢悠悠地说道：“没关系，草籽多，小鸟是吃不完的，随缘！”

半夜下起暴雨来，小和尚急忙穿衣出禅房，对着师父的房门喊："师傅，不好了，草种都被雨水冲走了不少"。老和尚说："不用着急，草籽冲到哪儿就在那里发芽，随缘吧。"

第二天早上，小和尚早早跑出了屋子，果然地上没有一颗草籽了。于是，他马上跑进师傅的房间里说："师傅，不好了，昨晚上的一场大雨把地上的草籽都冲走了，怎么办呀？"

不久，许多青翠的草苗破土而出，原来没有撒到的一些角落里居然也长出了许多青翠的小草。小和尚高兴地直拍手，老和尚淡然地点点头，说道："恩，随喜。"

故事中，老和尚讲的"随"，就是指顺其自然。顺其自然是一种顺应天命，随遇而安的人生态度，不抱怨、不急进、不过度、不强求，悲哀和欢乐就不会占据内心，这种人的气场无疑是健康的，辐射出的能量也更有震撼力。

生活中，我们可能会经常感叹命途多舛，甚至抱怨时代不公，总是被"梦想与现实为什么总存在着差距"的苦恼所困扰。我们不是没有迈动脚步，也不缺少"不撞南墙不回头"的气魄，我们缺乏的正是顺其自然的生活态度，让梦想的翅膀太负重。

当然，顺其自然并非消极的等待，更不是听从命运的摆布。它是这样一种心态，凡事不必刻意强求，自己该做的都做了，实在不行也没有办法，只要自己问心无愧就行。

生于 1982 年的孟祥哲是河南千年冷冻设备有限公司董事长兼

总经理，也是市青商会最年轻的副会长。他先后被区委、区政府评为“优秀企业家”。很多人都很好奇：如此年轻的老总，是如何做得这么成功的?

对此，孟祥哲说：“一些所谓的经验之谈，在某种程度上，并非是其取得成功的真正原因。我认为，工作要顺其自然，认为对的就去做。因为不是刻意为之，效率才会最高。”他还打了一个形象的比喻：“让你用笔画一条直线，你越是小心翼翼，越是画不直，还不如信手画出很多条直线，并从中选择最直的一条来得快、画得好。”

顺其自然的人没太多苛责与过于强烈的欲求，也不会那么纠结于得失，更多的是一种内心上的安定和淡然。一个人若能很淡然笃定地掌控自己的生活，就能获得内心的成功，有时这会帮助他最大限度地发挥主观能动性，因势利导，取得成功。

就像电影《阿甘正传》里的“傻”阿甘那样——有一天，他忽然想跑步，于是他就兴高采烈地跑了起来。有一天他不想跑了就转身而去，也不需管身后有多少“追随者”，多少的叽叽喳喳。

顺应机会、环境、缘分，努力且饶有兴致地生活着，那么改变气场、改变形象就不是一件难事。你定能发现，你的气场会越来越健康，会辐射出它全部的能量，你也必然会精神饱满、魅力四射!

9. 拯救你在红尘中跌落的灵魂

每天在城市间行走的人们，挂在嘴边最频繁的一个字就是“忙”，但过于忙碌、心浮气躁的人，气场是灰色的、不健康的，且是虚浮不定的，他们难以体验到自我价值所在和生活乐趣，周围的人也无法感受到他们的吸引力。

这时候，我们需要休息，需要等待在滚滚红尘中跌落的灵魂。你会发现，自己不是没有思想，而是没有时间来思考。整天被很多看似很重要的琐事羁绊，不是不觉悟，是不能解脱与放下！

菲莉娜大妈是一位专职太太，她需要照顾全家人的起居饮食，负责买菜、煮饭、洗衣、打扫房间、带孩子等家常琐事。她总是暗示自己：情况紧急，必须立即做完每一件事。她从早到晚忙得腰酸背疼，却总有做不完的事，心情抑郁无比。

一个雨天，孙女米娜放学回家后，把雨伞和鞋子换在门后，坐到沙发上，打开了电视机。“哦天啊，你看你做了什么，地板上好多水渍，我要赶快把它擦干净！”菲莉娜大妈从厨房走出来，就要冲向门后。

“奶奶，请您休息一下吧，外面还在下雨，爸爸妈妈他们一会儿就回来了，那里还是会变得一塌糊涂的。待会再做那些事情不会影响什么的，现在您可以陪我照顾我的花儿吗？”米娜说。

“天啊，还有那么多活儿要做呢，我哪有时间陪你？”菲莉娜大妈无奈地耸耸肩，但看到米娜乞求的眼光，她还是陪孙女给阳台上的花儿浇水、松土。直到家人都回家了，大家又坐在一起吃饭、聊天，然后菲莉娜大妈稍稍打扫了一下就去睡觉了。

躺在床上的菲莉娜大妈感到从没有过的快乐，好像以前那些做不完的家务活都变轻松了，一切都变得不一样了。到底什么改变了呢？她也不知道，但是，米娜从此有了一个不再那么匆匆忙忙的奶奶。

到底什么改变了呢？我们在前面反复强调过，气场是由内而发的一种气质，当菲莉娜大妈内心充满焦虑和烦躁的时候，她的气场就是紧张而有压迫感的，这是一种不健康的气场状态，她给人的感觉也是心浮气躁的。后来，她陪着孙女看看电视，放松了内心紧绷的弦，她的心情变得轻松了，气场也变得健康了，在她的影响下，整个家庭的氛围也变得温馨起来。

的确，每个人都有很多事情要做，但有些事情你完全不必要立刻做，而是要慢慢来，而且某些事情你完全可以放到明天或者以后再做。在大多数情况下，人们是在自造紧张情绪，不是吗？

上帝交给迈克一个任务，让他牵着一只蜗牛去散步。

蜗牛走得很慢，迈克看到蜗牛慢吞吞的样子，心急如焚，又是催促又是吓唬，可蜗牛全然不顾迈克的情绪，依旧慢慢地爬着，偶尔用抱歉的目光看着迈克，仿佛说：急什么呀，我已经尽力了。迈克恼怒了，就不停地拉它，扯它，甚至想踢它，蜗牛只是受着伤，喘着气，卖力地往前爬。

迈克想：真是太奇怪了，为什么上帝要我牵一只蜗牛去散步呢？于是，他开始仰天望着上帝，天上一片安静。他想，反正上帝都不管它了，我还管它干什么，不如任由蜗牛慢慢往前爬吧！如此一想，他便放慢了脚步，想将它放下，静下心来……

咦？迈克忽然闻到了花香。几声清脆婉转的鸟鸣传来，温暖的风儿的拂过，周围的一切多美啊！迈克感到了一种从未有过的沁人心脾，这时他才突然明白了上帝本来的用心：原来上帝不是让自己牵着蜗牛来散步，而是让蜗牛牵着自己散步啊……

《牵着蜗牛去散步》是一篇教育散文。它告诉我们：人生不能一味匆匆赶路，忽略了沿途那些美丽的风景，那会使你错过很多东西。当我们细细地观察，仔细地琢磨的时候，一定会发现许多平时没有注意到的美丽。

了解到日夜忙碌的生活状态是有害的之后，你要学会放开内心绷紧的弦，无须去苦苦苛求自己，而要善于营造自己理想中的生活，展现自己理想中的自我，调整身体的气场磁场，努力让身心自然，气脉顺畅，进一步使气场顺利地运转，这样气场的辐射力自然就强大了。

那么如何做呢？你要时常留一点完全属于自己的时间，和自己的心灵对话，问问自己：我为什么感到烦恼？我要的是自己现在的样子吗？我让生活压垮或者埋没了吗？我得到了什么，失去了什么？如果生命就这样走完，我会不会有遗憾……

记住，你必须要将“还有那么多事情等着我去干”“这样分明就是在浪费时间”等念头从大脑中赶走，让自己从那种紧张情绪中解脱出来，如此你就可以随意控制自己的心理活动，打开调整气场的大门，进而从容地处理各种事情。

留一点完全属于自己的时间，和自己的心灵对话吧！这是一个坦诚解剖自己的过程，也会给我们浮躁的心灵一份真挚的沉淀。只有这样，你才会发现更加真实的自己，进而让气场持久地轻盈翱翔。

CHAPTER/04

特质：性情颜色与气场的性质

你完全可以塑造自己的气场，但首先你需要从现在起认真研究自己。每一种气场都是独一无二的，世界上没有完全相同的两种气场，只有详细而深刻地了解自身气场的特质，为气场设计一个妥帖的形象，它才能够形成一股强大的正气场，助你把握住自己的命运，实现更好的发展。

1. 你的气场，与众不同

每个人都有属于自己的气场。气场是人的一个独特的标签，是一种独特的感觉。也可以说，气场就是每个人散发出的性格特质。每当我们接触一个人的时候，率先接触的就是他的气场。

气场听起来很玄妙，但别人可以通过你的气场，来感知你的性格、气质、情绪、目的、精神面貌，心理状态等等。你可以闭上眼睛，想一想你的家人、朋友、同事，甚至是那些较为成功的人，比如叱咤风云的政界领袖、商界传奇，或者是电视上的那些大明星，他们在你的心中都会留下一个独特的印象：有些人的印象是活泼的、阳刚的、奋进的，有些人的印象则是消极的、颓废的、阴郁保守的，有的人低调深沉，有的人肤浅庸俗，有的人你一眼看上去就觉得可亲，有的人却让你心生厌恶……

瞧，我们不需要对这些人进行深入地了解，甚至不需要开口与之交谈，就可以对他们有一个整体印象上的判断，这就是气场辐射所产生的影响。气场在人的身上普遍存在，但是每个人的气场又不尽相同。

当然，世间万物的运行纷繁复杂，“气”的原理与具体运作方式我们很难一一获晓，因此只能借助于物质的某些共性将其进行分类。熟悉中国文化的人，对于“五行”，即金、木、水、火、土五种基本元素之间的运行关系应该不会陌生，那么我们不妨以人对事物的感觉为基准，将自然界的万物分类，借助集合的形式表现出来：

A 集合：让人心生柔软的感觉或感受到生长的气息

B 集合：让人觉得热，像接近火一样的感觉

C 集合：让人产生潮湿的感觉

D 集合：让人觉得干燥

E 集合：让人感觉到清凉舒爽

上述五个集合，能够将自然界的万物都容纳其中。当我们看到不同的物体，就会产生不同的感觉。比如，看到嫩草从地上冒出，人们会感到喜悦，甚至体悟到一种生命不息的感觉，那么小草属于集合 A；看到涓涓流淌的小溪，我们必然会感觉到清凉，那么小溪属于集合 E。

能够体会到不同的特殊感觉，这即为“气”的作用。因此，我们可以将上述五个集合按照物质的“气”进行分类，即 A 集合是具有柔软或生长之气；B 集合具有火热之气；C 集合则具有潮湿

之气；D 集合具有干燥之气；E 集合具有水一样的清凉之气。可以说，自然界的任何一种物质都必然属于上述的某一个集合，而这些元素的共性就是“气”。

五行的相互作用，使万物具备了特殊的气性，不同的物质具有不同的“气”，而这种气息会从物质的表面发散出来，人与人的区分从这里开始。这就是为什么我们看到不同的人，会产生不同感觉的原因。

皮克·菲尔在其著作《气场》一书中也曾提到过：宇宙的运转产生气场变化，气场又影响物质的产生，驱动着它们的运行，东方古老的智慧与西方科学都在交叉证明着这样的事实。

想一想，你的气场是什么样子的呢？属于 A 集合、B 集合、还是 C 集合？还是……不过，人的气场要比“五行”玄妙得多，因为即便是同一个人，在不同的心境、环境下，也会表现出不同的气场。

当一个人的事业、生活都顺风顺水的时候，他往往会表现出精力旺盛、气质逼人的姿态，这时候他的气场就会很强，周围的人也会被这种强大的气场所感染，加以关注；相反，如果一个人遭遇不顺，精神变得颓丧，他的气场就会很弱，很容易被周围的人所忽略。最明显的例子就是执政初期和末期形成鲜明对比的前美国总统小布什。

上任之初，小布什一副精神振奋、意气风发的样子，走到哪里都有民众的欢呼声。但后来在伊拉克战争、“911 事件”和经济危机的三重打击之下，小布什变得不再惹人眼球，即便在电视画面上偶尔能看到他，也已经很难留给人深刻的印象了。因为他当时的心情超不爽，气场已经缩成一团，至少已经败给了气场强大的奥巴马等人。

你瞧，气场的运行不是静止不变的，你的标签也并非唯一。

因此，你要学着去认识自身气场的范围和强度，还要留意那些让气场得以增强、平衡和净化的重要时刻，将内心本质与外在行为有机地结合在一起。如此，就能够形成一股强大的正气场，从而把握住自己的命运，实现更好的发展。

2. 心灵的颜色，决定气场成色

心灵的力量是未知的，现代心理学的研究成果也非常有限，目前做出的最明确的结论只是一个非常模糊的定论：心灵的力量强大无穷。而且，越能用自己的潜意识和这个世界进行交流、感受这个世界的人，他的心灵感应能力则越强大和敏感。

我们的心灵如何，气场就如何。心灵之极会给我们的气场“定色”！无论你是什么样的人，你的气场都能够明确无误地被染成相应的颜色。这些颜色为红、橙、黄、绿、蓝、靛、紫色，还有金黄色、白色、银色、灰色、咖啡色与黑色等。这就是不同类型的人，对色彩有不同的喜好和偏爱的主要原因。

听着，这绝对不是占卜或者迷信！气场是来自心灵的能量，色彩的差异取决于心灵能量的强弱，而且通过气场摄录仪完全可以拍到这些彩光。也就是说，人体的气场是能够看得见的，每个人都可以找到属于自己的气场颜色。

比起大人来，孩子与生俱来的感应能力，让他们更容易观察和体验到不同气场的颜色，而且，他们经常把这种体验用涂鸦的方式表现出来，给不同的人物涂上不同的、大人感觉怪异的色彩。比如妈妈周围的天空是紫色的，猫咪是绿色和粉红色相间的……

为什么你偏偏喜爱紫色和黄色？你是否知道它们所揭示的秘密？通过色彩可以了解自己的气场，这是不是令你感到神奇和不可思议？现在，我们就来做一个小实验。

这里有八种颜色：A 绿色、B 蓝色、 C 紫色、D 红色、E 橙 / 黄色、F 白色、G 黑色、H 粉红色，请你依据直觉按由强到弱“讨厌”的颜色顺序排列。你选择了哪种颜色？最后选出的第八种颜色，是了解你的气场的关键。

人体是有磁场的，色彩就是通过自身磁场与色彩的连接，让人们在最深的层次认识自己，平衡能量。每种色彩所代表的气场不同，下面就帮你来翻译出这些不同的颜色所代表的不同含义。

隐士型　绿色　平和，无欲无求，既有行动力，又能沉静思考，也就是兼具优雅与理性。性情冷静，随遇而安，深受别人信赖……

军师型　蓝色　聪明，神经纤细，容易感伤，对人也十分敏感，偏矜持……

巫女型　紫色　在乎事物内层的精神性表现，极度内敛，个性十足，见解独到，情绪不稳定，自娱自乐……

武士型　红色　个性积极，精力充沛，意志坚强不轻易屈服，易怒，爱憎分明，忘性大……

孩童型　橙/黄色　开朗自信，易冲动，善于冒险，有求知的欲望，善于合作，上进心十足，很容易被别人接纳……

天使型　白色　性格内敛，做事努力认真，责任感强，有完美主义倾向，不容易原谅别人……

国王型　黑色　意志坚定，干练内敛，谨慎保守，心思缜密，往往有惊人之举……

公主型　粉红色　不谙世事，到处受宠，乐观，充满对美好的渴望……

对照一下，你是哪一类型的人呢？你的气场是什么颜色呢？

当然，从这个角度来区分气场，仅仅呈现出了色彩与气场之间的皮毛关系，而它的内容非常深奥。因为每个人不可能只喜欢一种颜色，还有很多组合类型，如同时喜欢红、黑两种颜色。正因为如此，解读气场才会更加困难，需要经过反复实验，并熟练地运用直觉。在此就不再一一细说了。

不管如何复杂，通常这些色彩会有一种或两种固定不变，可能持续 1 个月，也可能是 1 年，它显示你在一段时期内主要的气场状态，也是个人状态的指标。例如：在你身体周围 1.2 ~ 1.8 米的范围内充满了亮丽的橙 / 黄色，就说明接下来 4 ~ 6 个月的时间里，你的情绪将积极向上，身体充满活力，气场也非常健康。

更神奇的是，色彩似乎也能感受到你的情绪，与你的身体能量产生互动。有时候，仅仅在一天之内，气场的颜色就会变幻几次。当你对什么事产生强烈的情绪反应时，你的气场就会发生相应的改变，它的颜色、形状以及其他方面都会受到影响。除了情绪之外，心理和精神产生反应时也是一样，你的一切改变都会体现在气场中，它的光环或明亮、或暗淡、或鲜艳、或苍白。

比如，当你处在神清气爽，精神焕发的状态时，你的光环一定亮度极大，色彩明亮；而当你心情不爽，愁眉苦脸时，你的气场就是灰色乃至黑色的，光亮度非常小，还有可能是完全熄灭的。

不止是我们人，其他事物也会受到类似的影响。有科学家研究证明，一杯水都可以接收人类的信息，当你赞扬它时它的结晶就会变得美丽，当你诅咒它时它的结晶就会变得很丑。是不是很不可思议！难以置信？但这就是事实！

既然每个人的气场都受到色彩的影响，我们就可以用颜色来描述我们的情感，精神生活，甚至是生理健康，我们也可以学着利用颜色的调节功效来促进气场能量的平衡，开启良性循环。

比如，利用绿色安全、新鲜、和平之意，获取清凉、安谧之感；利用红色强化热情、积极、奔放的情绪，激发气场的力量；橘黄色给人以最大的信心和勇气，整个人有了行动起来的欲望，能促进你的社交能力。

令人感到惊奇的是，当你的气场颜色发生转变时，人们也会很容易地察觉并做出反应，这个传达过程只需要一微秒就够了。遗憾的是，可以感知这种转变的人太少了，他们堪称社交场上的佼佼者。

工作了一天，罗伯特感到累极了，身心俱疲，他最想做的就是坐到沙发上喝杯红茶，然后美美地睡上一觉，但他仍然勉强支撑，努力不让人们看出自己是多么讨厌接下来将要进行的酒会。

这时，朋友米勒慢条斯理地走过来，他从人群中挤出，特意过来跟罗伯特说话。他递过来一支香烟，热情地说："嗨，我现在能请你去喝杯茶吗？我知道一个不错的地方。"罗伯特刚要准备赴邀，有人在旁边焦急地说道，"不不，罗伯特，你应该去参加酒会，那里还有一些从未谋面的商界名流，你需要……"

罗伯特摇摇头说："这场酒会并不在事先的计划表内，是我们可爱的赞助商临时安排的。我想他们的问题可以在明天的讲座中得到充分的沟通，现在我该去赴米勒先生的邀约了。"

罗伯特和米勒先生真的去喝茶了吗？没有，他们出来后，米勒先生诚恳地说："我看出你已经很累了，赶紧回家休息吧！"他们互相道了再见，然后各自回家。在罗伯特眼里，米勒先生真是一个善解人意的朋友，他愿意与他长期维持友好的关系！

一个人散发出来的独特的色彩，可以告诉你他现在最想干的是什么，这样的机会稍纵即逝，需要你善于观察并感知别人的气场。为此，你需要培养自己敏锐的洞察力、高超的观察力等，相信你做得到！

发现了心灵色彩与气场之间的奥秘之后，相信你的这一次气场修行之旅，将会事半功倍！

3. 与心和解，让气场平衡

人体的能量场一部分由人体自然产生，另一部分则是由身体吸收外界能量转化而成，这是两个能量场之间的自然交互作用。通过这种身体内外的交换达到系统的平衡，即所谓的气场动态平衡。

如果一个人自身的内在气场与外在环境的气场脱节，发生了相互排斥的反应，呈现不平衡的状态，就难以保证"气"能量会有良好的循环，那么整体气场就会比较混乱，缺乏力度。

内外相斥的气场，会让人始终处于左右互搏的状态中。这就如同两个自己在打架：理想中的自己想要往东，而现实中的自己却偏偏往西，互相拉扯，让人纠结不已，也很难获得所谓的成就感。

仔细观察你会发现，不少人过着违背内心的生活。何谓“违背内心”呢？他们可能并不满意爱人的现状，却还要每天面对着他（她），并与之一起生活；他们可能很厌恶自己目前从事的工作，却又不能摆脱；明明内心苦闷不已，却还要坚持每天笑脸迎人……

这样的生活毫无乐趣可言，有的只是煎熬和挣扎，活得特别累！此刻的你内心是否也有类似的呐喊声？这就是自身的内在气场与外在环境的气场无法实现平衡的一种具体表现，这就是问题所在！

说真的，你想改变这种状态吗？那么，暂时离开你并不满意的爱人，放下不喜欢的工作，或是让你去从事另外一份不太“讨厌”的工作，不开心就痛痛快快地哭一场。如此，你是不是会感到稍微舒服一些？精神面貌大为改观？

答案是肯定的。因为你所面对的外在环境改变了，你所做的事情是发自内心的渴望，外在的气场与内在的气场之间的相斥作用削弱了，气场状态趋近于平衡状态，从而滋生了新情绪，爆发出了新动力。

百度总裁兼 CEO 李彦宏，在谈及自己的人生经历时说：“成功的人生并没有统一的衡量标准，选择自己喜欢的事情坚持做下去，就是成功的。我自己整个成长的过程，我认为就是这样，从北大读书到赴美留学，再到创办百度，我慢慢学会了欣赏自己，我自己适合干什么，我喜欢干什么，我就去做什么。最后做了一点事，这件事情正好又能够被社会所认可，满足感很强。”

李彦宏正是因为找到了喜欢并适合自己的东西，坚定了信念，不跟风、不动摇，使内心的憧憬与外在的行动表现出高度的一致性，强化了内在与外在气场的统一，结果自然容易取得成功。

然而，问题是只有少数人才是幸运者。多数人都在为了生计奔波，不得不干自己不喜欢的事，不得不面对不喜欢的人。想要真正消除内外相斥的气场，不是一件容易的事，真正能够突出重围的人，也少之又少。

怎么办呢？用什么方法才能够彻底改变这种气场相斥的状况呢？

就像前面提到的，现实往往是不能够尽如人意的，当内外的气场暂时无法达成一致时，如果你总是从失意的角度去看待，那你只能让自己陷入愈发焦虑和烦躁的情绪中，过得更加纠结和不快乐，甚至这种消极的气场会将我们的命运变得糟糕和悲惨。

我们该清楚，内在的气场是可以自己选择的。这一切，都跟生活的技巧、赚钱的能力没有关系，与之有关的是生活的态度——那些热爱生活、拥抱生活、感激生活、乐观上进的人，他永远都懂得改变自己的内心需要，力求使内外气场保持一致。

日本的《禅海珍言》中记载了一则“哭婆”变“笑婆”的故事：

从前，一个老太太到寺里烧香，并且总是哭哭啼啼的，从没有高兴的时候。寺里方丈看久了，心里非常纳闷：这么多人来烧香都是有求而来，像这样天天以泪洗面，绝无仅有。于是，便问："老太太，您为什么整日哭个不休呢？"

老太太忙不迭声地哭诉道："老方丈，你有所不知啊！我有两个女儿，大女儿嫁给了一个卖鞋的，小女儿嫁给了一个卖伞的。天晴的日子，我会想到小女儿家的伞卖不出去；下雨的时候，我又想到大女儿的鞋肯定没人买。想到这些，我怎么能不伤心落泪呢？"

等老太太哭累了，方丈平静地告诉她："老太太，你一点不用愁，晴天的时候你别想小女儿，想想大女儿的鞋铺生意兴隆；下雨的时候，别想大女儿，想想小女儿的伞店会有很多顾客。这不是很好吗？"

老太太经方丈这样一点拨，当即"顿悟"，破涕为笑了。之后，她的生活内容虽说没有什么变化，但她由"哭婆"变为了"笑婆"，整日里乐呵呵的，生活变得甜蜜和美，再也没有那些伤心事。

当我们内心所需求不一样了，原本不喜欢的事可能会变成喜欢的事，内外气场就能趋于平衡，散发出来的气场也就更有吸引力和影响力了，进而助你得到他人的欣赏和重用，这是最完美的结局。

体悟一下自己的生活和内心，感受一下内外气场之间的作用力。接下来要做的，就是我们刚刚说过的——实现内外气场的平衡。相信你已经很清楚了，别迟疑了，赶快行动就是最快的方法。

4. 控制气场的影响与被影响

正如每一个人在这个世界上都不是孤立地存在一样，我们的气场也是如此，它具有强烈的电磁效应，在持续不断地散发和吸收能量。每当你与他人、他物接触时，你的气场都会用独特的能量频率，对环境或物体进行磁化和协调。

举个例子，如果你从小到大一直有自己的房间，你的气场就会以一种独特的能量形式发散并占满这间房子的空间，那么，你对这间房间的感觉一定与你父母的或是兄弟姐妹的感觉很不一样。有许多人换了床就没办法安睡，正是因为陌生的床上没有那种令他们感到熟悉的能量。

对此，《气场》作者皮克·菲尔先生阐述道："命运"的本质决定因素，是指人生存环境中与人有直接或间接关系的各种要素相互作用的总和。它们形成了一个场，有着非常合理的运行规律。一个人的气场除了受内心的左右，通常还会受影响于周遭这个场的环境，它会使人形成一个常态气场。

通过观察就可得知，人与人之间的互动不是恒定不变的，而是会随时产生变化，而这种外部的变化会随时导致人的心理活动变化，气场也就随之出现微妙的变化。你或是变得成熟稳重，或变得心浮气躁，或变得热情如火，或变得冷若冰霜。比如，一个人原本拥有一个女友，但是随着他地位的升高、金钱的增长，他可能因为内心不断膨胀的欲望，产生“再找一个更漂亮的女生做女友”的想法。

因此，留意气场隐秘的能量交换，了解自身的气场如何影响其他气场，又如何被其他气场所影响，对我们来说是一个非常重要的问题。

在前面我们已经提到过，每一个人都有不同的气场，每一种气场都有自己的频率。很多时候，别人留给你的，或是你留给别人的第一印象，恰恰能精准地反映出你们之间能力交换的情况，反映出你与他的气场频率是否协调。

气场如同“五行”一样遵循着“同形相感”的原理，当你的气场与某个人的气场频率相近时，你们会自然而然地相互吸引，你和他更容易“合得来”。这没什么好奇怪的，这种自然的亲切感，代表着你们拥有相似的气场，你们在身体、心智或者精神层面上有着相近的频率。

另一种情况是，有一些人总是令你觉得反感。事实上，他们本身并没有什么问题，只不过在某个时刻，你们的气场频率完全不同，没办法产生共鸣而已。所以，在他身边你会极其不舒服，心情不爽，甚至情绪激动。

不过，通过练习，我们能够学会调整自己身上释放出来的能量，控制和改变气场的频率，这样不和谐的音符就会慢慢变得和谐，与别人的交流和配合就能更加轻松、顺畅，与周围的环境相得益彰。

这是一种古老的技巧，叫作“变形”。通常，变形是自然发生的，就像一种温和的自我保护法。不过，我们的目的，是要你学着有意识地去控制这种行为，根据实际需要进行或剧烈或轻微的改变，让自己完美地融入到环境中。

当然，与周围环境进行能量交互影响的模式因人而异。不过，只要稍加学习，多留意气场隐秘的能量交换，你就会对这种独特的模式有所了解，也能更加懂得如何有效地利用这种模式。

需要注意的是，两个人接触得越密切，时间越久，这种持续发生着的气场交换就会越微妙而深入。正因为如此，面对死亡是一个令人悲恸的过程，死者的能量要从那些与死者生前关系密切的人身上消失掉。这种关系越亲密、熟悉，能量消失需要的时间就越长，生者感受到的痛苦就越强烈。

总之，要想让你的气场充分发挥正能量，你就要关注你接触的人、生存的环境对你看得见、摸得着的影响，同时也要多留意气场隐秘的能量交换，对这种能量交换进行积极的疏导，让自己的身体以及精神达到最佳状态。

如果你忽视了这种能量交换关系，没有及时整理从外界有意无意地获取的这些大量的能量碎片，那么一天下来你就会感到精疲力竭，甚至冒出许多奇奇怪怪的念头和想法，这样的气场互动显然不太健康。

5. 别人的好气质，也许并不适合你

在实际生活中，有很多人看不到自己的气场，总是被动地跟着别人去做一些事情，犹如在茂密的森林中频频迷路的孩子一样，只能靠别人的指引才能去解决问题。在更重要的事情面前，更是感到自己无足轻重。

这是因为，大部分人认识不到真实的自己，错判了自身气场的颜色与味道，总是习惯于高估自我、低估周围的世界。当一个人无法看清真实的自己时，他与自身的气场是分离的、陌生的、各行其道的。

“认识自己”是一个亘古不变的题目。在2000多年前，古希腊人就把“认识你自己”作为铭文刻在了德尔菲神庙上。但是时至今日，我们很多人还是实现不了这个目标，这是什么原因呢？

鲜为人知的是，我们每个人都有两副形象，一个是自然形象，另一个是自我塑造的形象。

所谓“自然形象”，是人本来的形象，是我们真实的内心影像。这是家族的遗传因素，与你的成长环境有关。比如，父母兄妹、亲戚朋友、老师同学等这些朝夕相处或交往密切的人，他们身上的各种特点、他们的价值观以及他们与你的相处方式等，都会在不知不觉之间影响着你。

所谓“自我塑造的形象”，就是通过训练和包装展示给别人，

体现着我们的价值追求的形象。比如，你是一个容易浮躁冲动的人，但你希望把自己塑造成一个平和稳重的人，于是你就会经过学习和模仿，尽量克制内心的浮躁冲动，来扮演一个平和稳重的角色。久而久之，这个角色的外在表现就有了稳定特征，就会成为你性格的一部分，和自然形象一起形成了我们的形象。

你的形象是在不断地分化、组合和发展的。几乎每一个人都有这样的体验：在有的人面前，你能说会道，机智灵敏；在有的人面前，你沉默寡语，萎靡不振；在有的人面前，你宽容大度，乐观开朗；在有的人面前，你斤斤计较，心理阴暗……总之，你的形象具备着多样性，气场充满变化，甚至很多时候你感到难以自制，是这样吗？

你究竟是什么样子的？你比任何人都要清楚地知道这一点，这对你如何更好地进行自我形象塑造、提升气场有着十分重要的意义。这听起来是很困难的，但是有些人做到了，成功了！

世界首富比尔·盖茨是一个非常简单、朴素的人，丝毫没有那些传统 IT 商人的散漫做派，也没有一丁点儿许多商界大亨都具备的奢华的衣着和高高在上的姿态。但在他的所到之处，哪怕是他微服出行，他的气场依然可以让他轻而易举地成为人群里的中心！

“我很清楚自己，每天都是这样的。”盖茨沉静地说，他甚至有些羞涩，“这个逻辑很简单，因为一个人首先要了解自己，掌控自己，才能制定自己的人生策略，才有可能成为别人眼中的主角。所以，我的建议只有一个，先认清自己，再去与别人合作。”

要想掌控自己，气场收放自如，就要了解自己。了解自己，就是要客观地评价自己，就是要了解自己的价值观、兴趣爱好、性格、能力等心理特点；了解自己的优劣势和发展趋势，既不高估自己，也不贬低自己，

是的，从现在开始就研究自己，别放过每一个角落：优点，缺点，吾之需要，吾之渴求，在家庭中的位置，在公司的定位。然后才是我们需要采取的策略：如何包装自己，大步迈向舞台的中心！

CHAPTER/05

重塑：自我审视才能实现自我超越

一个人成功与否，奥妙全在于自己的身体内在。可以说，内在的能量无处不在，并且从生到死伴随一生。你看不到它，但伸手就可以抓到它。它是有创造力的，能够强化你气场的辐射力，从而决定你的人生坐标。

1. “YES，I CAN ”——能，就攻无不克

当我们面对机会充满干劲时，总会有一个“幽灵”悄悄钻进我们的心中，在阴暗的角落里喃喃自语：“你做得到吗？你做不到！”如果你够聪明，这时候就应该给它一个有力的反击——“YES，I CAN！”

辛普生出生于旧金山的贫民区内，小时候父母离异，家境贫寒。六岁时，他突然得了小儿软骨病，双腿必须用夹板夹牢。因为支付不起药费，用来支撑的夹板是他家里做的。病痛加上长期的夹板作用，使辛普生的腿逐步萎缩，双脚向内翻，小腿很细。

一日，辛普生偶然结识了旧金山飞人棒球队的运动员威利·梅斯基，他萌生了当运动员的想法。但是，母亲却说这是不可能的。的确，辛普生双腿肌肉萎缩，根本不是当运动员的料。

不过，辛普生并不这么认为，他开始努力了。为了帮助家里挣钱，也为了锻炼腿部的肌肉，辛普生到街上去卖报、到池塘去

打鱼、到火车站帮别人装卸行李，还在一家商店做过售货员，在工作的同时，一有时间他便到附近一所中学练习打橄榄球。

“是的，我能行！”辛普生时常这样告诉自己。随着腿部肌肉的恢复，辛普生练橄榄球的次数越来越多，时间也越来越长了。他的技术越来越好，后来的表现更是不同凡响，最终成了全美国最杰出的棒球运动员之一。

辛普生虽然只是一个无名小卒，而且还有过小儿软骨病的经历，但与常人不同的是，他多了一份“我能够成功”的积极信念，懂得时刻给自己营造一个“YES，I CAN！”的强大气场。

19 世纪的思想家爱默生说：“相信自己‘能’，便攻无不克。”信心是一种积极的精神状态，也是气场之源。如果你觉得自己能行，就会产生一种积极的意识，让智慧的力量配合自己心中的目标，最终得偿所愿。

世界上本没有什么依仗魔力获得成功的人，谁也不是天生就伟大杰出的。开始时，其实人们是在同一条起跑线上，只是那些成功的人总是先坚定自己必胜的信心，造就了一股强大的气场，并主动展现自己的能力，最终取得辉煌的成就。

从 20 世纪初开始，无数人都渴望完成一个看似不可能完成的目标：在 4 分钟内跑完 1 英里。1945 年，瑞典人根德尔·哈格跑出 4 分 01 秒 4 的成绩，此后的八年里没有人能够超越他创下的成绩，而且所有人都认为自己做不到。

在这沉寂的八年中，就读于牛津医学院的罗杰·巴尼斯特却始终梦想着突破这4分钟的极限，他是个不服输的人，也坚信自己能够做到。他不停地提高跑步速度，终于在1954年，罗杰·巴尼斯特超出了所有人的意料，跑出了3分59秒04的成绩，打破了“极限”的这个概念，书写了新的世界纪录。

试想，如果巴尼斯特内心的信念是虚弱的，潜意识中认为自己不行，无法超越别人，无法打破八年来无人能够打破的纪录，那么他的气场必然会被消极的暗示所消磨。即便他具备了潜力，也会因为不自信而无法引爆潜能，结果可能就真的不行。

生活中有很多类似这样的情形：某人得知自己患了癌症后，医生告知可能还有几年的寿命，但他却在几个月之后就离世了。这是因为他们在内心给了自己一种消极的暗示：“我不行了。”于是，一切就真的发生了。

不可否认，人都有这样一种心理：当一项新的任务和挑战摆在眼前的时候，尽管内心相信自己能够做好，但仍旧少不了担忧和害怕，怀疑自己能否真的做好，反复地问自己：我行吗？万一出错怎么办？但是，当一个人的自信变成零或负数的时候，他的气场就会荡然无存，能力也会随之减损，这样的人你还指望他做什么呢？

自我怀疑是很自然的事，关键是我们要学会控制自己的思想，学会克服“我做不到”的想法，要学会欣赏自己，把自己的优点、长处统统找出来，在心中“炫耀”一番，反复刺激和暗示自己要有信心，将自我怀疑转化为自信。

需要注意的是，我们在这里所说的“YES，I CAN！”不是夜郎自大、得意忘形，更不是毫无根据的自以为是和盲目乐观，而是激励自己在战略上藐视困难，从一次次胜利和成功的喜悦中肯定自己，从而保证自己以高昂的斗志、强大的气场迎接挑战的一种奋发进取的心理素质。

你想成功吗？你对成功的渴望到底有多强烈呢？ 这不仅仅是拷问自己，更是拷问你成功的可能性。如果你渴望成功，那就在心里多念几次：“YES，I CAN！”慢慢地你就会发现，你真的很棒！很神奇吧？

2. 诚于中，必能形于外

气场来自于完善的人格，而真诚则是赢得人心、产生吸引力的必要前提。人都是有感情的动物，想要去吸引、说服他们，首先就要展现出一股能够感动人的气场，动摇对方的心理防线。

心理学认为，每个人的思想深处都有内隐闭锁的一面，同时又有希望获得他人理解和信任的开放面。然而，这种开放是定向的，即向自己已经基本了解、可以信赖的人开放，对不了解的人，应有所戒备。

但当你足够真诚时，你的气场会给对方一种感觉——我信任你！当对方感到自己被信任时，他就会情不自禁地卸除对你的猜疑、戒备心理。如此，你就能像雨露润物般轻松地走进他人的心灵深处，从而获得更多的成功机遇和出乎意料的好结局。

出身于平民家庭，加之长期艰难困苦的军旅生活，让拿破仑养成了真诚待人的美德。作为一名统帅，虽然他时常会批评士兵们，但这种批评不是破口大骂，而是在照顾对方情绪之余真诚地提出意见。这样一来，士兵们不仅能够坦然接受他的批评，还会对他充满感激和热爱。

在征服意大利的一次战斗中，士兵们因持续作战疲惫不堪。拿破仑夜间巡逻查哨时，发现一位巡岗的士兵靠着大树睡着了。拿破仑没有愤怒地喊醒士兵，而是拿起他的枪替他站岗。

半个小时之后，哨兵醒了，他看到最高的统帅在自己的身边站着，心里惶恐不安。而拿破仑却没有指责他，而是亲切地说："朋友，这是你的枪。你们走了那么长的路，艰苦作战，困了累了我能够理解。不过，现在的情况很严峻，一时间的疏忽就可能断送全军。我正好不困，就替你站了一会儿，你以后要注意啊！"

拿破仑没有摆出一副统帅的架子严厉地指责站岗时睡着的士兵，而是用几句诚恳关切的话指出了士兵犯的错误。他的言行举止中流露出的是一种真诚，这种气场令人感动，并能够激起士兵内心的感激之情，更加努力，以此作为回报。难怪拿破仑的军队战斗力和凝聚力无比强大，所向披靡，成了欧洲大陆的一支劲旅。

真诚可以帮助你将更多的人吸引到自己身边，也能够让反对者变成拥护者，这属于潜在心理术的突破点，正是因为对方被你真挚的气场感染。这就是我们常说的“晓之以理，动之以情”。

正如“诚于中必能形于外”所指出，真诚虽然看不见摸不着，但却可以表现为外在的率真自然、光明磊落等，进一步促使别人敞开心扉给你。通过自己的气场改变别人的气场，这是气场的至高境界。

真诚是春风，能拂去心灵的微尘；真诚是雨露，能滋润友谊的花朵……真诚不是智慧，却常常闪耀出比智慧更诱人的光芒，带给我们春风雨露般的温馨气场，从而让你获得原本不可能得到的东西。

人心是最神秘莫测的世界，真诚是人们心底的交流，给人们以和谐与温馨的气场。在它面前，就算是坚冰也一样能被融化。一个人可以抵挡住形形色色的诱惑，却抵不住真诚的莅临。

如果你想要锻造强大的感染力，那么就用真诚去打动别人吧！当你掌握了这一行之有效的技巧时，你的言行举止散发出来的必然是一个值得让人信任的气场，这种力量会让你更有吸引力，从而赢得人心、取得成功。

3. 做自己的主人，才能震得住别人

有一句格言说:“走自己的路,让别人去说吧! ”有自己的认识，坚持自己的想法，不盲目地听从别人的意见，这也是一种气场!一个人想要获得成功，最重要的一条素质就是有自己的主见。

如果我们缺乏独立思考的精神，不能明辨是非，给人的感觉就是平庸无能、随波逐流，甚至是阿谀奉承的，很难形成震慑人心的气场。别人难以产生信赖感，那么无论如何也到达不了理想的彼岸。

美国前总统里根小时候到鞋店里做鞋，鞋匠师傅问他：“你是要方头的，还是圆头的？”当时的里根并不知道哪种鞋子才适合自己，他迟疑了半天也没有说上来。鞋匠师傅让他回去想，想清楚了再来。

几天之后，鞋匠在街上又碰到了里根。他提起鞋子的事情，而里根依然很迷茫，不知道到底要什么样的。鞋匠说：“既然你不知道怎么选择，那就让我替你做决定吧！两天之后你来取鞋。”

两天过后，里根高兴地找到鞋匠，可当他看到鞋子的时候却傻了眼。鞋匠给他做的鞋子根本不能穿，因为一只是圆头的，一只是方头的。里根问鞋匠为什么会这样，鞋匠的一番话点醒了他：“你用了几天的时间都没有拿定主意，那只有我替你决定了。这是给你的一次教训，不要让别人替你做决定。”

这件事情里根始终铭记于心。此后每做一件事，他都只听自己的话。他说："如果遇到事情时你没有自己的想法，就等于把决定权交给了别人。一旦别人做出了糟糕的决定，后悔的还是自己。"

作为总统级别的人物，要做出关乎整个国家的发展和稳定的抉择，要面对来自方方面面的质疑、批评和非议。如果里根没有自己的主见，他是不可能连续两届出任美国总统的，也不可能具有强大的影响力，美国80年代的文化更不可能被誉为"里根文化"。

事实上，这个世界上谁也替代不了你，你就是自己人生的画师，生活是精彩绚烂还是灰色暗淡，完全取决于你给它涂上什么颜色。不要指望他人告诉你该涂什么颜色，否则的话那就不是你的人生了。

因此，我们要想有所成就，就要坚持主见。坚持主见的过程，就像凤凰必须在烈焰中诞生一样，要经历残酷的身心考验。正是因为这样，这些人的气场才光芒四射，卓尔不凡，旁人自然也会被这种气场感染，站过来！

有两位著名人物，在坚持主见的过程中，就经历了残酷的身心考验，不过由于他们选择的差异，最终决定了他们的成败。

弗兰克林是一位很有才华的生物学家。1951年，他通过多次试验首先发现了脱氧核糖核酸的螺旋结构，但却受到别人的否定，后来弗兰克林竟然痛苦地承认了这个发现是错误的。直到1953年，另外两位科学家沃森和克里克重新发现了这一结构，并因此获得了诺贝尔生物奖。

弗兰克林由于没有足够的勇气坚持已见，将自己在生物学上划时代的发现拱手让给别人。与弗兰克林遭遇相反的是活跃在交响乐舞台上的、善于指挥交响乐的世界著名音乐指挥家小泽征尔。

一次，小泽征尔去欧洲参加一次世界级的指挥家大赛。决赛中他被安排在最后一个参赛，评判委员会交给他一张指挥乐队演奏的乐谱。当他拿到评委交给他的乐谱之后稍作准备就全神贯注地指挥起来。

突然，小泽征尔发现乐曲中出现了一点不和谐，他以为是乐队演奏错了，就停下来重新指挥演奏。但还是不行，“是不是乐谱错了？”小泽征尔问评委们。在场的评委们都郑重声明乐谱没问题，这是小泽征尔的错觉。小泽征尔又仔细看了看乐谱，坚信自己的判断是正确的。考虑再三，他大吼一声：“不！一定是乐谱错了！”话音刚落，评判台上那些评委们立即站立起来向他报以热烈的掌声。

原来，这是评委们精心设计的“圈套”。前面的选手们虽然也发现了问题，但在遭到评委们的否定后就不再坚持自己的意见，只有小泽征尔坚信自己的判断。评委们认为只有具备这种素质的人，才真正称得上是世界一流的音乐指挥家，最终小泽征尔摘取了这次比赛的桂冠。

卓越者开始总是曲高和寡，平庸者往往附和者众。众所周知，伽利略的太阳中心说、牛顿的万有引力定律、马克思的剩余价值学说，开始时都无一例外地遭到了别人的怀疑或反对。试想，如果他们当初不能够坚持自己的主见，缺乏自我的气场，现实会是什么样子？

当然，坚持已见并不是指固执己见，还应该学会筛选别人的意见。如果别人的意见有可取之处，哪怕是来自“敌人”的意见，我们也应该吸取。这和丧失自己的主见、屈从于他人不正确的言论是两回事。

做人有主见难，能够坚持主见更是难上加难。如果你希望自己的气场能够震住别人，想做一个越来越优秀的人，就不要害怕过程中的苦难，努力把自己培养成一个有主见、并且敢于坚持主见的人吧！

4. 思维出奇，总能出奇制胜

我们经常会遇到这样的问题：“美丽、智慧、财富你选择什么？”大多数人都会毫不犹豫地回答：选择智慧！由此可见，智慧对一个人是多么重要。

一位渔夫出海常常能满载而归，即使是在最不佳的时节也是如此。其他渔夫既羡慕又嫉妒，纷纷向他请教方法。渔夫笑笑，沉默不语，后来被问多了，他就简单地说：“没有什么方法，就是把船多划几里路呗！”但是，其他渔夫们常常累得半死，回来后依然收获甚微。他们私下里叹道：“这老头，运气总是比咱们好！”

慢慢地，渔夫的儿子长大了，也要出海。他和众人一样，不解地问老爸：“你的运气为啥总是那么好？万一我没有好运气怎么办？”渔夫说，“哪里有什么运气？你得学会看风辨云观水色，即使几片浪花，都有鱼的味道；很多技巧我说不清，你得自己去研究、去悟。如果这些东西掌握不了，即使每天绕太平洋一圈，也难撞到‘运气’！”

要想打鱼就要先知道打鱼的技巧，渔夫正是因为懂得这一点，才有了“好运气”，常常能满载而归。说穿了，这就是一种智慧。

有智慧的人，具有独到的眼光，他能够看到常人容易忽视的“关键点”，能够理解事物背后“潜在的可能性”，从而使一切事项能迎刃而解，迅速获得最大限度的成功，而这又铸成了带有魔力的气场，能把他想要的东西吸引到身边来，如上级的器重、下属的拥戴、朋友的青睐、客户的信赖。

美国福特公司的一台机器发生故障，各方人士检查了3个月，可怎么也找不到毛病在哪儿。在束手无策的情况下，他们只好请来了德国著名的工程师斯坦门茨。

斯坦门茨在电机旁边仔细观察，计算了两天后，用粉笔在电机外壳上画上一条线，说：“打开电机，在记号处把里面的线圈减少 1 6 圈就好。”人们半信半疑照他的话去做，结果，一切恢复正常。

当电机修好后，福特公司老板问斯坦门茨要多少酬金，他说：“一万美元。”老板请他列个合理明细表，说明费用的出处。斯坦门茨写道:“用粉笔画一条线 1 美元,知道在哪儿划线 9999 美元。”福特公司不但照价付酬，还重金聘用了斯坦门茨。

智慧是大脑的闪光，是对事物的领悟，是巧妙的方法。画一条线值1美元，知道在哪个地方画线值 9999 美元。这就是智慧的价值!

智慧是奇迹的另一种诠释，是财富的同义语，是吸引力的力量之源，哪里有智慧哪里就有成功和希望。难怪日本一家企业提出这样的一个口号：“如果你缺少智慧，又不愿流汗水，那么成功就会请你走开！”

需要注意的是，智慧的人应当拥有丰富的知识，但有知识不等于有智慧。知识是静态的，知识积存得再多，若不明白如何正确地将之运用到实践中，知识也会失去价值，人充其量不过是一本记载着知识的书，这样的气场只是空架子，不会产生实际的力量。

真正的智慧是头脑的智能，是一种洞察力和判断力。除了掌握丰富的知识之外，更重要的还在于头脑中进行的思考。知道什么时候“为”，什么时候“不为”，知道能把什么事做成什么样，如此你的气场必然能够轻舞飞扬、震慑人心。

20世纪七八十年代，全日本制造脚踏车用灯的公司共有十六家，总生产额每年只有十万个。十万个的小数目有这么多的公司争夺市场，利润之微薄可想而知，连维持生计都不容易，同业者们都在大声叹气，打算另谋出路。

但是，令人惊异的是，三洋电机公司创立者井植岁男居然在这时辞掉了松下电器公司的职务，租了一间小工厂，在完全没有资金的情况下进入了萎缩不前的脚踏车行业，开始生产脚踏车用灯。

当时虽然也有装有灯的脚踏车，但是由于价钱贵的关系，一般人使用的脚踏车还是无灯的，一到晚上就不能再使用。井植岁男认为，如果把售价降低，那么销路自然就可以打开，他一再声称："我要创造一个光明灿烂的脚踏车电灯世界，我准备扩大厂房，每年生产二百万个车灯。"

这时企业界既吃惊，又笑井植岁男愚蠢："我们这么努力，现在每年卖不完十万个脚踏车灯，那家伙说要一年生产二百万个呀！他真是疯了，瞧着吧，不出半年就会关门大吉的。"甚至朋友、亲戚也嘲笑井植岁男"自取灭亡""病入膏肓，无药可救"。

但井植岁男雄心勃勃。他向银行贷款，积极地按照计划进行，全神贯注于大量生产作业。因为他深深知道一点：一家公司每年生产一万个车灯时，产品的成本相当昂贵。但是一家一下子生产几十万个，成本就降低一半以上，商品价格自然就能便宜。

事实证明，井植岁男的降低成本，适应需要的做法是正确的。

产品一上市，奇迹就发生了，一向被人视为难销的东西以惊人的声势大销特销了，其后的销售势头更是势如奔马，四年后就轻而易举地达到每年二百万个的目标，五年后三洋电机公司就跻身于日本大企业之林了。

井植岁男以敏锐独特的眼光，卓越不群的远见，聪明地分辨出脚踏车灯行业停滞不前的原因，及时投入，并清晰地明确了自己的发展方向，他的智慧为自己赢得了成功，也赢得了气场，财富和荣誉纷至沓来。

的确，有智慧的人往往会以建设性的姿态将自己置于矛盾的主要方面，积极主动地寻求改变困境之策，从而在别人眼中的“死胡同”里，走出一条属于自己的光明大道。如此他就一定是气场最强大的人，而他的人生也注定会与众不同，精彩异常！

5. 冠军总是跑在掌声之前

你听说过果汁软糖实验吗？这是世界上最简单，也是最成功的行为实验之一，是由美国人沃尔特·米舍尔教授于20世纪60年代在加利福尼亚州斯坦福大学校园里一间幼儿园所进行的实验。

实验中，米舍尔找来十名孩子，在每人面前放一块果汁软糖，告诉他们3个小时之后才可以吃，发完糖他便离开教室了。3个小时之后他回来看结果，发现只有一个孩子还拿着那块糖，剩下的9个孩子全经不住诱惑吃掉了。十几年后，米舍尔又把那10个人叫到一起，结果发现那个没吃糖的孩子做得最成功，他已经成为一个企业的核心人物。

只有经得起等待，才能成就一番事业。这个说法也许有些偏激，但也不无道理。我们都知道春小麦没有冬小麦那么美味，为什么呢？原来，春小麦没有经过漫长的严冬，没有经过风雪的洗礼，植物尚且如此，何况人呢？

等待的过程很难受，但倘若一个人不懂得等待，不能够在等待中磨炼自己，那么他的气场必然是黯淡无光的，甚至还是负数的。同时，他的生活肯定是一种和快餐一样的东西，没滋没味。

相反，善于等待的人通常都散发出一种超凡的气场，他们做事从不会毛毛躁躁，也不会冲动，可能有人觉得他是无所作为，贪图安逸，然而他却总是在默默无闻中搭好了气场的台子，然后在最关键的时刻抓住时机，做出惊人的举动，敲开成功的门。

成名之前，石悦是一个再普通不过的人：出生在平凡百姓家，性格偏内向；上学以后成绩一直都是不好也不坏，没有任何特长，一直被老师、同学视为资质平庸、未来平平的男孩儿。

石悦唯一与众不同的，就是对历史的痴迷。还在上小学时，当别的男孩子整天拿着变形金刚、仿真手枪玩得不亦乐乎的时候，石悦却对历史故事情有独钟。一套《上下五千年》是他童年、少年时形影相随的“好伙伴”。进入大学，许多同学谈恋爱，玩网游，而石悦仍然将自己的课余时间全都交给了史书。只要一有空，他就会一头扎进图书馆，如饥似渴地阅读着一本又一本厚厚的历史书。

大学毕业后，石悦考取了公务员。他从来不会像办公室的其他同事那样，一张报纸一杯茶地消磨着漫长的时光，他依旧躲进史书中与各朝各代的人物交友为伴。石悦成了众人眼中的另类，甚至被大家认为有点孤僻。

在实际生活中，他不抽烟不喝酒、不打麻将不泡吧，也不爱交朋友，一点都不像“80后”的年轻人。下班后，基本上没有任何休闲活动与社交应酬，常常将自己关在狭小的房间里，独自沉浸在那些刀光剑影、富贵浮云的往事中，或者奋笔疾书地记录着一些有趣的历史故事。

直至有一天，一个题目叫《明朝那些事儿》的汗青小说帖，在天涯论坛、新浪网站风起云涌，深受网友追捧，每月的阅读点击率超过百万。当很多出版商赶赴石悦的单位争相要和他签订出版合约时，大家方才发觉这个平时毫不起眼、有点木讷内向的青年就是目前网络中鼎鼎大名的当红笔者“当年明月”。

石悦没有想着一下子冲进成功的怀抱，也没有过于浮躁，而是一直默默无闻地从事喜欢的创作工作。他经历了漫长的等待和煎熬，气场变得坚定而强大，这也是他能够取得成功的关键因素之一。

忍耐和等待的确是痛苦的，但它却是锻造意志力最有效的途径。记得奥斯汀曾经说过这样一句话："在你心中的庭院，培植一棵忍耐的树，虽然它的根很苦，但是果实一定是甜的。"拿破仑也说过一句非常有名的话："庄严与滑稽之间只有一步之隔，等待与机会之间只有一步之邻"。

等待不是守株待兔、缘木求鱼。种好梧桐树，才能引来金凤凰；修筑好台子，才能演好戏。等待的过程其实是默默地积蓄力量、自我丰富完善的过程，厚积薄发、厚德载物。唯有如此，气场才能由内而发，才能幸运赢得成功。

因此，那些真正伟大的人不会因为外在的环境和一两次的失败而被削弱，他们选择的等待，是有计划和目标的，是怀抱着信心和希望的，他们是在等待中向着自己的目标不断地前进。这是一种强大的、无畏的气场，在等待中走出逆境，在等待中寻觅机会。

韩红——一个身材胖胖、长相不漂亮，也没什么靠山的女孩，用歌声征服了广大听众，成了最红的实力派歌星，她的成长和成功经历给了"学会等待"新的诠释。

命运对韩红是很苛刻的，不到 6 岁她就永远地失去了父亲，母亲工作繁忙，韩红只好跟着奶奶一起生活。上小学的时候，韩红显露出极高的音乐天赋，9 岁那年正式加入了少年儿童合唱团。后来，韩红进入二炮文工团，可是文工团的一些人觉得她形象不好，怎么也不相信她能红起来。韩红被迫退出，在通信站当起了总机接线员，一干就是 10 年。

音乐的魅力无时不在吸引着韩红，她参加部队的业余演出队，把所有的业余时间都用在学吉他、练唱歌上，并于 1988 年考取了中央音乐学院声乐系。1995 年，韩红又考入解放军艺术学院音乐系，师从李双江，同年获中央电视台音乐电视大赛铜奖，自此，演唱事业如日中天。

谈到自己曾经遭遇十年“雪藏”的委屈，韩红说：“我不抱怨，我只是怀才待遇。只要有机会就准能让我遇着，让我张了嘴就能把好歌唱出来。”韩红的成功是不懈地和自我“作战”与懂得等待的产物。

等待成功的过程，每个人都必须经历，这也是上天最公平的安排。但是，这个期间人的内心会脆弱，很容易心灰意冷。能否取得最终的成功，那就要看你能不能耐心地等待，能否保持强大无畏的气场了。

还是那句话，如果你的气场是强大的，思想是积极的，意志力是顽强的，那么你就会朝着突破困难的方向努力，得到好的结果；相反，你在气场上矮了半截，被困难吓倒了，那你就一定会从成功的棋盘中出局。

6. 忍者无敌，柔气场也能克刚

事不三思终有悔，人能百忍自无忧。

忍让，在我们的生活中可以说是非常需要的，这话听起来似乎有点玄妙，说穿了不外乎就是要你学会“忍”、学会“让”，学会示弱，随时随地让生命保持最佳弹性。因为，更多的时候，我们需要的是责任，是顾全大局。

前美国陆军部长斯坦顿是一个非常爱面子的人。一天，当斯坦顿接到一位少将的电话，他的脸色慢慢地变了，他狠狠地摔门而去，来到总统林肯的办公室，气呼呼地说：“一个少将，居然用一些侮辱性的话对我进行人身攻击。哼，他竟然说我偏袒别人。”

林肯微笑着听完斯坦顿的抱怨，说：“你与其这样生气，为什么不写一封信，用最尖酸、最刻薄的话去骂他呢？”说完，便将笔递给斯坦顿。斯坦顿伏在茶几上开始奋笔疾书。不一会，他将写好的书信拿给林肯过目。

林肯看完之后，继续说道：“就是这样，这才是好好地教训他。斯坦顿，你写得太绝了。但是，我想知道，你真的打算把这封信寄给他吗？我认为你还是将这封信烧掉吧！”

“为什么不寄呢？你刚才不还夸我写得好吗？”斯坦顿不解地问道。

林肯严肃地回答道：“我想，那位少将是在他生气时说的那些话，你要是以同样的方式回击他，岂不是两人关系越闹越僵了？照我看来，你是他的领导，要懂得忍让一点才对啊！”

斯坦顿有些不好意思地挠了挠头，接着又写了一封检讨自己的信给少将。后来，那名少将收到斯坦顿的信，专门拜访了斯坦顿，对自己当初的行为表示了歉意，并答应不会再有下次了。

林肯是一个非常懂得忍让的人，从他劝说斯坦顿部长忍住自己的一腔怒气，切勿以牙还牙这件事中，我们就不得不承认，林肯的形象和气场永远都是高居于他人之上。这种气场锻造出的感染力无与伦比，所以他能够成为人们可以信赖的朋友，成为被全美国人当作圣人崇拜的领袖。

在现实生活中，很多人因为没有学会忍让，在一些非原则性的问题上太过较真，即便是不得理也不会忍让，进而把自己搞得精疲力竭、紧张不安，或者心情抑郁，压力过重。这些人在表面上看或许咄咄逼人，气势很强，看起来蛮“威风”，可实际上真正内在的气场却没了。

那些有影响力、令人佩服的人，从来不会与人争论得面红耳赤，他们总是用简短而干练的语言说明自己的观点，即便对方恶言出口，他们也不会以牙还牙，而是控制自己的情绪和心态，始终心平气和。这样的人散发出的气场让人感觉舒服，是非常吸引人的，这怎能不令人佩服呢？换句话说，当他们这样做的时候，能够散发出强大的气场，感染周围的人，那个斤斤计较、口无遮拦的人，往往会甘拜下风。与此同时，这种厚积薄发的气势，也会为他们迎来更大的成功。

我们来看这样一个实验：

有位医学教授曾问刚刚入学的新生："用酒精消毒，浓度多大为宜？"

学生们几乎没有经过思考就直接答道："当然越高越好了！"

教授说："不对。"

学生们一脸茫然。老师解释说："酒精的浓度太高了，会让细菌的外壁在很短的时间内凝固，形成一道天然的屏障。这样的话，后续的酒精就没有办法侵入了，那些细菌在壁垒后面依然存活。"这个新奇的理论，学生们还是第一次听到。

教授继续解释道："最有效的浓度，是把酒精的浓度调得相对柔和些，润物无声地渗透进去，效果才佳。"

酒精杀灭细菌如此，要在气场上胜过他人，也是如此。柔和不是软弱，更不是退让，也未必让你气短一截，而是一种品质与风格，不仅让你具有亲和力，更能让你彰显出一股"不曾剑拔弩张，依旧扼守尊严"的气场！

人生在世，每个人都有自己的秉性和棱角，你硬我也硬，你横我也横，结果两败俱伤。如果懂得了适时忍让的艺术，以柔克刚，或者选择避让，就能避免许多不必要的碰撞，岂不是会有更好的效果？

在一条大街上，有一个古朴典雅的茶庄。虽然茶庄的地点较为偏僻，但这里的生意却很是兴隆，茶庄的服务小姐和每一个顾客都是和颜悦色，说话轻声细气，但也有一些第一次来喝茶的顾客比较粗鲁。

“小姐！你过来！你过来！”顾客高声喊，指着面前的杯子，满脸寒霜地说，“看看！你们的牛奶是坏的，把我一杯红茶都糟蹋了！你说怎么办吧！”说完，将头转向一边，哼哼了几声。

服务小姐赔着笑脸说道：“真对不起！我立刻给您换一杯。”

没过一会儿，服务小姐把新红茶准备好了，碟边跟前一杯一样，旁边放着新鲜的柠檬和牛乳。

顾客有些不明白：“这和第一杯是一样的。”

服务小姐轻声地说：“我是不是能建议您，如果放柠檬，就不要加牛奶？因为有时候柠檬酸会造成牛奶结块。”

顾客的脸一下子红了，匆匆喝完茶，走了。

这时，旁边的顾客笑问服务小姐：“明明是那个人的错，你为什么不直说呢？他那么粗鲁地叫你，你为什么不还以一点颜色？”

服务小姐笑了笑，说道：“正因为他粗鲁，所以我要用婉转的方法对待他。正因为道理一说他就明白了，所以我用不着大声！理不直的人，常用气壮来压人。理直的人，要用气和来交朋友！”

当场的每一位顾客都点头笑了，对这家茶庄也无形中增加了许多好感。往后的日子，他们每次见到这位服务小姐，都想起她“理直气和”的理论，也用他们的眼睛证实了这小姐的话有多么正确……

可话又说回来，不管对方是谁，不管遇到什么情况，一味的忍让，一味的弯腰，毫无原则，你的气场也会是虚弱的，会给人一种扶不起、懦弱无能的感觉，还会赔掉了别人对你的尊重，那可就“忍让”得太没价值、太“窝囊废”了，何苦呢？

事实上，善忍的人忍得有原则性：他们只是在小事上、非原则性的问题上忍让；在他人犯了无心错误的时候忍让；在自己身处弱势的时候忍。与此同时，他们碰到自己公正有理的事情时，也会坚定信念，据理力争，以正压邪，不会丢掉自己的人格和尊严。

总之，要想拥有强大的气场，要想成就大的事业，你就要懂得适时的弯腰，就要学会恰到好处的忍让，这做起来不是一件很容易的事，就看你怎么去想，怎么去做，怎么去拿捏分寸了。

7. 自控力：随时随地淡定从容

每一个人都有情绪，但大多数人是让情绪控制，而不是控制情绪。情绪像天气一样变化无常，一会儿沮丧，一会儿兴奋；情绪好时，能力源源不断地涌出，如登山顶；情绪差时，感觉身体处于瘫痪状态，如坠深谷。

衡量一个人的气场有多强大，关键看他控制自己的力量有多强大。

缺乏情绪自制力的人，太容易因为外在的变化而改变心态，他们的气场是善变的：起初是坚硬而顽强的，但也许下一秒就变得虚华而浮躁了。这样的人，很容易成为情绪的奴隶，难以成就大的事业。

比如，愤怒的时候，如果遏制不住，就会让周围的气场变得沉重，让朋友或合作者们望而却步；消沉的时候，如果放纵自己的萎靡，周围的气场也会随之而变得消极，很多机会都会从指缝中溜走。

与之相反，善于控制自己情绪的人，总是能够随意地将情绪调整到自己想要的状态。许多名人也都曾这样劝诫过世人：要锻造你的气场，首先就要学会控制自己的情绪。这会怎么样呢？告诉你，如果这样，你将无所不能。

“二战”期间，各国间谍机构活动频繁，都希望在情报方面战胜对手，以便在战场上掌握主动权。与此同时，反间谍机构也都在保持着高度的警惕，积极地活动着。

在这样的大背景下，一个间谍不幸被逮捕了。为了不暴露自己的身份，间谍开始装聋作哑。尽管敌人用了最灵敏的设备来测试他，也没有露出一丝儿破绽。

最后，逮捕他的人说：“好了，你可以走了。”这个间谍心里一块大石头总算放下来了，他欣喜万分，不过他清楚自己一定要控制住情绪，所以没有显示出一点点听懂了对方话的迹象。

最严酷的考验已经过去了，这个间谍完美的自制能力救了他的命。那些逮捕他的人说：“真是没有办法，他的情绪一直稳定得要人命，让人无机可乘。他要么是装得天衣无缝，要么是个真正的白痴。”

这个间谍依靠自制力保持着冷静的头脑，他的气场始终是稳定而强大的；当事情出现转机的时候，他的自制力又让他掩藏起了心中的欢喜，他的气场再一次发挥了效用，那种坚定和从容镇住了对方。试问：还有什么力量比这种气场更强大、更有震撼力?

由内而发的宏大气场，是以良好的心态和意志力作为支撑的。那些有修养和教养的、令人瞩目的人物和普通人并没什么两样，他们也会有各种情绪，只是他们善于控制情绪，能够将行动和理智结合起来。

剑手欧玛尔有一个势均力敌的敌手，两人斗了三十年，仍然不分胜负。在一次决斗中，那位敌手从马上摔了下来，欧玛尔持剑跳到他身上，这时对手却做了一件出人意料的事——向欧玛尔的脸上吐了一口唾沫。

欧玛尔一秒钟内就可以杀死敌手，但此时，他却停住了，他对敌手说：“我们明天再打！”敌手有点糊涂。

欧玛尔说：“三十年来我一直在修炼自己，让自己不带一点儿怒气作战，所以我才能常胜不败，可以说这是独属于我自己的取胜秘诀。刚才你吐我的瞬间我动了怒气，如果此时我杀死你，我就再也找不到胜利的感觉了。所以，我们只能明天重新开始。”

不过，这场争斗永远也不会开始了。因为那个敌手从此成了欧玛尔的学生。最后欧玛尔也成了英国历史上唯一留名至今的剑手。

情绪的感染力就是如此强大——无论是快乐还是悲伤的，无论是喜悦还是愤怒的。欧玛尔的胜利，全在于气场的感染力。他控制住了自己愤怒的情绪，这种气场不可避免地“投射”到了敌手身上，令其折服。

我们中的大多数都是平凡之人，可能没有机会遇到类似的情形去考验自己的自制力。但是，我们在生活中一样能够去培养和训练这种能力，只要我们开发出这种力量，成为一个能够掌控自己的人，那么任何外界的因素都将无法改变你稳定而强大的气场。

看过《第六只耳环》的故事吗？故事发生在经济大萧条时期的美国。

遭受失业打击后，曼莎小姐好不容易找到一份在一家高级珠宝店当售货员的工作。这天，店里只有曼莎一个人，其他几个职员刚刚出去，店里来了一位30岁左右的男顾客。

曼莎向他打招呼时，男子不自然地笑了一下，目光从曼莎的脸上慌忙躲闪开，仿佛在说：你不用理我，我只是来看看。

这时，电话铃响了，曼莎去接电话。一不小心，她将摆在柜台的盘子碰翻了，盘中有六枚精美绝伦的金耳环掉在了地上。曼莎慌忙弯腰去捡。可她捡回了五枚以后，却怎么也找不到第六枚。当她抬起头时，看到那位男子正向门口走去，顿时，她明白了那第六枚耳环在哪里。

曼莎的心狂跳不止，心想，他要是否认我该怎么办？他会不会……但是，很快她将情绪稳定了下来，追了上去，鼓足勇气，说道："等一下，先生，今天是我第一次上班，你知道，现在找份工作多么不容易，能不能……"

曼莎微笑着看着他，就像老朋友那样亲切自然。两个人相视无言，足足有一分钟。

"是的，的确如此。"男子脸上的肌肉颤动了一下，一丝微笑浮现出来，他回答道，"但是我能肯定，你在这里会干下去，而且会很出色。"说完，他将手伸了过来，与曼莎握了握手，然后转身缓缓地走出店门。就这样，第六枚耳环回到了曼莎的手里。

善于控制情绪会让一个人的态度更冷静，观点更客观，更有气场。聪明善良的曼莎小姐正是因此找到了解决问题的最好方法。如果曼莎小姐当时情绪紧张地大吵大嚷或者报警，结果就肯定没有这么完美了。

如果你控制不住情绪，便先想想这种爆发会产生什么影响。如果你晓得任由情绪发泄必定会有损于自己的利益，那么最好约束你自己，赶快离开现场，做一做深呼吸都特别有效。当你能够恰当地掌握自己的情绪时，你将在别人心目中产生一种“沉稳、令人信赖”的形象，这就是最强大的感染力，是你在人生丛林中行走的一种资本。

成功学大师奥格·曼狄诺曾写过这样一段文字，对于那些无法控制自己情绪的人，也许大有裨益：

潮起潮落，冬去春来，夏末秋至，日出日落，月圆月缺，雁来雁往，花飞花谢，草长瓜熟，万物都在循环往复的变化中。

我也不例外，情绪也时好时坏。

今天我要学会控制情绪。这是大自然的玩笑，很少有人窥破天机。

每天我醒来时，不再有旧日的心情。昨日的快乐变成今天的哀愁，今天的悲伤又转为明日的喜悦。

我心中像一只轮子不停地转着，由乐而悲，由悲而喜，由喜而忧。这就好比花儿的变化，今天枯败的花儿蕴藏着明天新生的种子，今天的悲伤也预示着明天的快乐。

今天我要学会控制情绪。

我怎样才能控制情绪，以使每天都卓有成效呢？除非我心平气和，否则迎来的又将是失败的一天。

花草树木，随着气候的变化生长，但是我为自己创造天气。

我要学会用自己的心灵弥补气候的不足。如果我为顾客带来风雨、忧郁、黑暗和悲观，那么他们也会报之以风雨、忧郁、黑暗和悲观，而他们什么也不会买。

相反的，如果我们为顾客献上欢乐、喜悦、光明和笑声，他们也会报之以欢乐、喜悦、光明和笑声，我就能获得销售上的丰收，赚取满仓的金币。

今天我要学会控制情绪。

我怎样才能控制情绪，让每天充满幸福和欢乐？我要学会这个千古秘诀：弱者任思绪控制行为，强者让行为控制思绪。

每天醒来，当我被悲伤、自怜、失败的情绪包围时，我就这样与之对抗：

沮丧时，我引吭高歌。

悲伤时，我开怀大笑。

病痛时，我加倍工作。

自卑时，我换上新装。

不安时，我提高嗓音。

穷困潦倒时，我想象未来的富有。

力不从心时，我回想过去的成功。

自轻自贱时，我想想自己的目标。

总之，今天我要学会控制自己的情绪。

8. 气场深化：士别三日，刮目相看

学识改变气场，气场改变命运。

不管从事什么行业，在自己身处的领域中取得了多大的成就，你都必须不断地吸取知识，为自己“充电”。只有丰富了内在的学识，才能够让外在的气场变得更有力量，更能够吸引人。

很多时候，我们往往按照自己认为的方式去做事，结果事倍功半或是失败，这种行为常会给人带来一种盲目、冲动、不理智的感觉，当然它所传递出的气场也不具有凝聚力。而不失时机地为自己“充电”，充实自己，我们的视角将会变得更加开阔、思维更加全面，从而能够清楚事物之间的内在规律，能够从容不迫、处变不惊地应对各种事物——此时所散发出来的气场自然就是强大的，有征服力的。

“士别三日，刮目相看”的故事，就是一个典型事例。

三国时期，吴王孙权曾经劝诫爱将吕蒙：“如今，你身兼要职，不可不去学习。”吕蒙听后，则以军中事务繁忙为借口，加以推辞。孙权说：“你以为我是让你去钻研儒学，日后做一个专门传授经学的学官吗？你错了。我是希望你能粗略地了解一些历史罢了。你说你事务繁忙，整个国家还有谁比我更忙呢？我经常读书，真是受益匪浅，所以希望你也能够从书中多学到些东西。”于是，吕蒙开始悉心学习，而他的进步也非常明显。

一日，东吴的名将鲁肃同吕蒙一起商议国事，鲁肃听到吕蒙的见解之后，非常惊讶："你如今的才干和谋略，已经不再是过去的吕蒙能够相比的了。"吕蒙听后哈哈大笑，说道："对于有志气的人，分别了数日之后，就不能再用老眼光来看待了。"

士别三日，当刮目相看。鲁肃发现吕蒙的气场变了，而这种气场的转变正是源于吕蒙内在学识的积累。因为学识渊博了，有了这种厚重的底蕴，势必就能展现出不一样的气质。

事实上，也只有懂得及时充电的重要性，随时随地对生活抱着一种学习心态的人，才能够永远保持积极乐观的心态，散发出一种耀眼的光芒，一种积极向上的气息，这就是最吸引人的气场！

那些懂得随时随地积累知识，对所接触到的一切事物，都留心观察、研究，通过各种途径不断汲取知识，不断地提高、更新自我的人，往往更容易从一个平庸无闻者变成人群中的焦点。

在离德国科隆不远的西比希城，市民们无不对约翰娜·玛克司夫人赞叹不已，她因为"活到老学到老"而成为一个家喻户晓的人物，还当选为该城"最伟大的女性"。

玛克司夫人退休之前长期在一家公司任职，是位活跃、开朗的女士。退休之后，不甘寂寞的她先是上了一个法语班，后来在报上看到科隆大学招收老年大学生的广告，她便报名成为正式大学生，当时她已 65 岁。她非常难以适应繁重的学习生涯，但凭着 6 年的刻苦攻读，玛克司以优异的成绩获得了科隆大学的教育学硕士文凭。9 年之后，玛克司夫人通过深入多个养老院和普通家庭采访，又完成了长达 200 页的一篇 “如何度过晚年——学习使老人永远充满活力”的博士论文，并被授予教育学博士学位。

在 80 多岁的时候，玛克司夫人作为嘉宾，参加了德国著名电视主持人迪沃累克主持的一次脱口秀节目，她说话有条不紊又颇富幽默感，风采丝毫不逊于舞台上的年轻人，给电视机前的观众留下了深刻的印象。

这是一个日新月异的时代，外在的环境以一种惊人的速度变化着，甚至是完全无规则的变化。如果你感到恐慌、焦虑、担忧，那么，最好的解决办法便是用新思想、新观念来适应新情况。

试着不停地给自己“充电”吧！通过业余学习、培训和脱产进修等等途径都是可以的，让自己永远都是全新的、跟得上时代的。如果你能够做到这一点，你的气场将会变得越来越强，并步步为赢。

9. 品味越有深度，气场越有力量

生活里除了工作以外，你还有没有别的事情？你有兴趣爱好吗？如果没有，那真的太糟糕了。因为一个没有一点兴趣爱好的人太简单了，就像一张没有颜色的纸，没有内容也没内涵，他的气场也是无色无味的，很难让周围的人感知到。

不论喜欢与否，你不得不承认，有兴趣爱好的人总能够让人另眼相看，受到欣赏和尊重，最起码绝对不会给他的气场减分。因为兴趣爱好可以激发一个人积极的情绪，而这种情感体验会给气场提供源源不断的能量，气场也就会呈现出五光十色的迷人光芒。兴趣越深厚，气场越有力量。

有这样一位女士，她原本是一位由于出生时大脑缺氧，导致了轻微智障的残疾人士。但是她从 12 岁的时候就开始对唱歌产生了兴趣，并在妈妈的鼓励下进入了唱诗班。几十年来，尽管生活过得很艰难，但她从来没有放弃过唱歌，一直坚持着这个兴趣爱好。

直到有一天，她在电视机前看到了一期《英国达人》的歌唱比赛。她的母亲鼓励她说："你不是很喜欢唱歌吗？你应该属于那个舞台！"于是，她报名参加了这档电视节目，唱了一首叫《我曾有梦》的歌曲，并且一炮走红。

这位 47 岁的未婚女子，长得一点也不好看，身材胖胖的，但是几乎所有人都被她天籁般的歌声、投入的神情所感动。美国 Youtube 网站有关她精彩演出的片断，在短短的几天当中，点击率上升至 3500 万次，居然超过了奥巴马当选总统之后的就职演说。

相信你已经猜到了，这个人就是苏珊大妈。兴趣爱好支撑着她走过一个个艰难的岁月，她的气场无疑是非常强大的。生命的精彩由自己来决定，你要想当有魅力的气场王，就别忘了培养一些让人一头栽入的兴趣爱好。

也许，你会说“每天的工作那么累，我连放松休息的时间都没有，哪有精力和时间培养兴趣爱好呀？”殊不知，兴趣爱好与工作一点也不冲突。它不仅能够在潜移默化中使你得到身心放松，培育良好的性格，毅力，意志等，而且还会给你的工作与生活带来很多刺激与创意的元素。

萧泽科大学学的是广告营销策划，毕业后便投身广告行业，于 2000 年成立了自己的广告公司。尽管工作与专业“对口”，公司运营也顺风顺水，但在生活中，他的最大爱好却是画漫画，而这也是他快乐的动力。

后来，“闲来无事”的萧泽科制作了一个《旺财贺岁》的 FLASH 放到互联网上，没想到几天之内便先后被各大网站、论坛转载，点击率超过十万次。而 FLASH 中那个古怪精灵、善良可爱的小狗“旺财”，也在网上迅速蹿红，成为众多网民喜爱的动漫形象。

见此，萧泽科以“旺财”为主角，又创作了大量丰富的 QQ 表情、手机动漫、输入法皮肤等，建立了“皮逗街”动漫系列。如今“皮逗街”动漫系列网上点击率已有几千万次，萧泽科也名声大噪。

萧泽科坚持自己的兴趣爱好，满怀信心去做这件事，并释放了自我内在的感召力。他的内心世界更为阳光，其气场当然就会经营得更加强大——无疑没有谁可以抵挡这样的攻势，他的成功之路也会宽广无限！

这就是兴趣爱好的魅力，你也可以做到。兴趣不在于难度与专业，而是在于你喜不喜欢它。当你从事某项活动时，是否会感到满足、快乐、开心甚至是兴奋？如果会，那就是你的兴趣所在。不管多忙，不管工作与生活的压力多大，都要留点时间，释放一下自己的兴趣与爱好，陶冶自己、发展自己，甚至是超越自己。

总之，千万别小看自己的兴趣爱好，这可是一件很重要的事。好好思考一下自己想做什么，想学什么，什么事做起来最快乐？想到了，Just do it，别犹豫了。

当然，我们所提倡的兴趣爱好一定要是健康高雅的，比如，广阅群书、练瑜伽、琴棋书画、国际象棋、鉴赏古物、品酒、游泳等都是可以的。而那些不良的兴趣爱好，如搓麻将赌博、终日沉迷于舞厅、酒吧之中等，不仅不会不能陶冶身心，还会导致一个人的气场变成泥污般的黑色，近之臭鼻，远之则污染眼球。

找到了合适的兴趣爱好，就好好地培养下去，说不定有一天，你会变成大文豪、剑道武士、园艺专家、手工艺品艺术家、茶道家、象棋大师、潜水教练哦！相信，你会愈活愈有劲，愈活愈有深度。

10. 大简是道，一切简单都不简单

一切的开始都是简单的。世界原本简单，从最初的红黄绿三种原色出发到万紫千红的世界；人的形成也是从简单开始，即从一个小小的受精卵开始……

然而，不知道从什么时候开始，我们累积的东西越来越多。为了得到更理想的生活，我们每一个人都在拼命地追赶，没钱的想有钱，有了钱想要更多的钱；想升职加薪，升职加薪后又想自己当老板……于是，我们的思想变得复杂了，生活变得沉重了，情绪变得压抑了。

为什么会这样呢？因为一个人的气场受内心的左右。当我们不懂得要及时舍弃那些沉重的没有任何价值的东西，以至于心灵不堪重负时，气场就会变得不健康，还有可能是收缩乃至负性的。

听说过这样一个故事。

有一天，智者把一个小孩、一个艺术家、一个数学家同时请到一个密闭的房间里，并嘱咐他们："请你们用最廉价又最能使自己快乐的方法，尽快把这个房间装满东西。"

数学家听到吩咐后，立即找来卷尺丈量墙的长度和高度，之后伏案计算这间房的面积，如何能用什么最廉价的东西恰到好处地把房间迅速填满呢？他陷入了深深的苦恼中。艺术家则开始画这个房间的结构图，如何才能找到立体美、空间感，草图画了一

大堆他还在苦苦思索……

只有那个小孩不慌不忙，他找来一根蜡烛，从口袋里掏出火柴点亮它——昏暗的房间一下子变得明亮了，接着小孩开始在屋里围着摇曳的烛光快乐、幸福地跳舞和歌唱了。

这时，智者宣布小孩获胜了，数学家和艺术家不服气地问原因。智者叹了口气："简单的心一旦复杂起来，欢乐和幸福就离你们越来越远了。"数学家和艺术家不禁面面相觑。

如果你希望重新唤起气场的力量，那么你需要做的就是给心灵来一次"格式化"。何谓"心灵格式化"，即跳出匆忙喧闹的生活圈子，扔掉内心那些原本不重要的东西，为自己的心灵留出一点空间，回归简单。

一个年轻人千里迢迢从山上来到海边，想渡海到另一个地方去。他驾一叶轻舟扬帆出海，披恶浪、战狂风。虽经长途跋涉，但还是没能到达自己的目的地。

有一天，他靠岸休息时遇见了一位智者，他问："我是那样的执着、坚强，长期跋涉的辛苦和疲惫难不住我，各种考验也没有能吓倒我。我已疲惫到了极点，为什么还到不了我心中的目的地？"

智者看了看他的船问道："你的船里装的都是什么？"年轻人说："它们对我可重要了。第一个箱子里面装的都是我必须的生活用品；第二个箱子装满我路上跌倒时的痛苦，受伤后的哭泣，孤寂时的烦恼；第三个箱子是我一路上搜集的金银珠宝。"

智者听完安详地问道："过了河你是不是要扛着船赶路？"年轻人很惊讶："扛船赶路？它那么沉，我扛得动吗？"智者听完微微一笑，说："过河时，船是有用的，但过了河，就要放下船赶路呀！"

年轻人顿悟，他把第二个箱子丢掉了，顿觉心里像扔掉一块石头一样轻松。赶了一段路，他又把千辛万苦得到的珍宝全部扔到了海里，船轻快了许多，很快就到达了目的地。

简单，是一种简朴、单纯、成熟、智慧，它让你卸下沉重的包袱，用最宝贵的时间做更有用的事，用心去感知这个世界的美，这是一种至纯至美的人生境界，这种气场是非常震慑人心的。正如一位哲人所言："生命如果以一种简单的方式来经历，连上帝都会嫉妒。"

有个商人辛辛苦苦地忙了大半辈子，终于挣足钱过上了好日子，于是这天他来到一个临海的小岛上，想静静地晒晒太阳，享受一下自然的美好，完全地放松一下自己。正在这时，他看到一个衣着破烂的渔民在懒洋洋地晒着太阳，就上去搭话，他问渔民："你为什么不赶紧去捕鱼？"渔民反问他："我为什么要去捕鱼？"商人说："捕了鱼你可以拿去卖钱呀，有了钱你就可以过舒坦的日子了，那样你就可以随心所欲地晒太阳了。"渔民轻轻地笑了笑，反问道："晒太阳？我现在不就在晒太阳吗？我为什么要去绕那么大个弯子呢？"

你看，我们并不需要那么多，想那么远，更没必要把自己变成一个不停运转的机器。我们只需要静下心来，让思维跟生活变得有条理、有顺序，简单与惬意的生活就会自动地向我们走来，这就是气场的力量。

找个地方安静地坐着或躺着，让自己变得放松，花点时间思考，生活上哪些事情可以做到让日子过得更单纯。简化的生活，能够创造清净、沉稳的心灵，能让你真真实实地触摸到自己内在的气场，并且气场越充足，拥有快乐的可能性也就越大。

如果一开始你无法适应沉默、安静，也没有关系。刚开始是有点怪怪的，不过当你慢慢珍惜那一刻时，你会觉得受到了鼓舞，因为当你拥有更多的时间找寻内心时，潜藏许久的伟大力量也就得以打开。

CHAPTER/06

姿态：一切行为举止展现气势

人和人之间气场的差异，最集中的表现是在姿态表情上，而这是生活习惯的结果。要保持强大的身体气场，所需要的只是了解身体告诉我们的气场秘密。而通常来说，强气场的身体姿势表情包括：炯炯有神的眼睛、微笑的脸、昂起的头、挺起的胸、挺直的脊柱、收紧的小腹与笔直的腰部……

1. 眼神，让你气场更有神

眼睛是心灵之窗，是人体最传神的器官之一，也是决定你气场的重要元素。我们要想了解一个人，看看他的眼睛即可了解七八分。正如文豪爱默生所说："人的眼睛和舌头所说的话一样多，不需要字典，你就能从眼睛的语言中了解整个世界。"

如果我们假设一个人的气场是围绕人身体约一米的圆，那么这个圆应该是个椭圆，和鸡蛋差不多，它像指针一样凸向我们眼睛瞄向的方向。人们对眼睛施加的影响不同，给人的感觉、印象、影响力也就有所不同。

我们与很多人有过面对面的交流，回想一下，最令你感到不舒服的眼神是哪些？头微垂，翻着眼睛看你；头微偏，斜着眼睛瞟你；四处张望，目光像流水般游移不定，拿眼睛扫你。

你有这样的感觉吗？被这种眼光打量后，会有种不寒而栗、顿生警惕的感觉——他的气场是冰冷冷的、很不友好。而看你的人不见得一定是坏人，也不见得对你怀有恶意，只是他们的猜疑心比较重而已。

人与人交谈的第一时间，直接先交会的是彼此的双眼，如果你可以让双眼表达出感情与智慧，显示出自己的自信、内在的情绪、头脑灵活度等，那么，你眼部的魅力将大大提升，气场的辐射力也定会增大。

那么，我们应该如何做呢？以下几点可供借鉴。

（1）眼神要放正

如果你不想没有气场的话，无论是大眼睛小眼睛单眼皮双眼皮，最关键的是眼神要放正！看人就大大方方抬起头看，正视人家。看你旁边的人时，就把头转过去，再用眼睛正视他。这样，可以让对方看到你的诚意，感觉到热情、友好的气场，进而对你产生兴趣，愿意与你交谈下去。

不过，你在看着对方的时候，可能会出现某些问题，因为对方的眼睛同时也在影响你，如果你的气场相对较弱的话，就很可能被对方的气场打乱，有一种喘不过气来的感觉，很容易溃败。这时有一个技巧，你可以直视对方的鼻头靠上一点儿的地方，或者眉心，或者前额。这样，不仅你的气场可以被对方直接感知到，而且还能保证你的气场尽可能少受到对方气场的影响。

当然，这种做法只是气场练习中的过渡手段，如果你能按照我们的方法持续培养你的气场，便能够不断提升自己的能量，直到你可以直视对方的眼睛，扰乱对方的气场，而自己不会受到干扰。

（2）眼神炯然有神

眼神炯炯有神、神采奕奕是一种有魄力的象征。这种人，往往比较自信、精明强干，对什么事情或问题都很有主见，遇到问题能自己拿主意，敢于承担责任。他们给人的印象无疑是值得信赖、值得结交的，气场无疑也是富有吸引力和影响力的。

有神的眼神不是天生的，完全可以通过修炼而成。这里有一个小方法，可以让你的眼睛有效地实现灵活自如，炯炯有神。

选一安静场所，或坐或站，全身放松，双目睁开，头颈不动，独转眼球。先将眼睛凝视正下方，缓慢转至左方，再转至凝视正上方，至右方，最后回到凝视正下方。再让眼睛由凝视下方，转至右方，至上方，至左方，再回到下方，连续做 6 次。每次转动，眼球都应尽可能地达到极限。每日做 3 ~ 5 次为好，持之以恒！

（3）眼神的表达力

Winema 是一位杰出的时代新女性，她是眼神超会放电的女性，不光是男人们这么觉得，连女人们都能感受得到她超强的“电力”。无论走到哪里，她都深受欢迎。Winema 的眼睛是典型的单眼皮，也没有楚楚动人，但很多人都觉得迷人，那是一种特有的气质。

为什么 Winema 如此有气场呢？她的朋友给的答案是：“她总是很认真、专注地看着我的眼睛说话，而眼神里充满了感情，让人不自觉地想要跟她再深入地聊下去，而且她笑起来实在很迷人。”

由以上的例子，我们知道了，Winema之所以那么迷人、如此有气场，和她善于用眼神表达感情与思想有着很重要的关系。这类女人虽然不爱声张，但人缘很好，也许这才是真正的人格魅力所在。

的确，我们不仅可以用眼睛传达自己的态度，还能传达具体的思想：“我很高兴认识你”“你说的很对，我很赞同”“我要你离我远点儿”“我命令你坐下，我知道你会听我的”……用眼神来表达这些东西，非常直观，没有人会对此表示怀疑。

为此，你不妨先在家里对着镜子，训练自己眼神的表达力。你可以大胆尝试使用不同的眼神，如用眼神表示高兴、表示愤怒、表示怀疑、表示惊奇、表示不满、表示害怕、表示感慨、表示遗憾、表示爱不释手等，考察眼神是否与自己的思想感情相符。

除了上面介绍的三点外，你还可以利用笑容带动脸部的肌肉，试着让眼睛也跟着一起微笑。自然的笑容，会让人看起来更有亲和力，而你的眼睛也会散发出令人舒服且愉快的气息，让人产生亲近你的想法。

还有，熬夜工作、心灵疲累都会对皮肤造成影响。眼部周围是面部最薄弱的皮肤，自然是首当其冲。你一定要注意保护眼睛的健康。眼袋、黑眼圈、浮肿等问题若是难以掩饰，气场一定会直线下降。

学会打造魅力眼神，在日常的沟通里，你便可以在不用语言符号的状况下，自信淡定地表达自己的情绪、思想，完成不可思议的复杂沟通。这时候，你散发出来的气场随意自然，使人轻松惬意，谁会不喜欢呢？

2. 在握手的瞬间，传递你的力度

你可能注意过，那些需要用气场来影响我们的人，如催眠师、政治家、演讲者等，都有通过手势来传达自己意思的习惯。这是因为，手上的神经非常丰富，你既可以用双手来感受能量，也可以通过双手将能量“发射”出去。

在手势的诸多情况中，我们只想讨论握手，因为这是与我们最为熟悉的，也是最有实用价值的身体姿势。当你刚认识一个人或者遇到认识的人的时候，握手是不可避免的身体接触。身体接触就像直接相触的磁铁，具有无穷的魔力。握手的瞬间，我们就能感觉到：这是个可以信赖的人；或者，这是个狡猾的人；或者，这个人很胆怯；再或者，这个人让我喜欢或讨厌。

握手比通过主观印象传达的气场力量更加准确、有力。正如加拿大形象设计师凯伦所说：“握手是一门如此有趣的艺术，它让我们在瞬间产生种种推测和判断。握手的信息是无言的，但它却是那么的丰富和微妙。握手是如此的感性，他在对方开口之前，让我们感受到他的内心活动。”

因此，当你想要影响别人时，脑子里想着你的坚定，把你的“渴望＋信心”直接表现在手上，并把它确定无疑地用伸出去的手传递给他吧！他被影响的概率会大大提高，接下来就更容易屈服了。这就像催眠师给病人进行催眠一样，是不是很神奇？

握手讲究一定的技巧，只有你握得恰当，才能真正起到“催眠”作用，为最后的胜利埋下决定性的伏笔。为此，你要注意以下几点事项。

（1）先凝视对方再握手

握手时，要面带笑容，目视对方，然后再握手，这是一种能力强、有自主意识的表现，其目的是使对方在心理上居于下风，能够引起对方注意，以获取对方对自己的好感。对于公关人员或其他长期从事接待、交际工作的人来说，这种握手方式非常有用。

握手时东张西望，漫不经心，不仅会给人不礼貌的感觉，也会让人心情不悦，令你的气场大打折扣，甚至影响今后的关系。

（2）握手要有一定的力度

与之相反，如果你握手要有一定的力度，它表示你坚定、有力的性格和热切的态度，这也是一种显示力量的表现，让对方觉得自己很重要。

在人际场上，最让人憎恨的握手方式是“死鱼”式握手，即冰冷、僵硬、无力的握手。这种握手方式，会给人留下性格冷淡、虚弱、傲慢、无知、愚蠢等不良印象，这时的气场暗淡无光，甚至是没有任何力量的。

与之相反，紧抓对方手掌，大力挤握，令对方痛楚难当则往往会被认为是一种冒犯、是主动的进攻行为，对方会产生强烈的反应，进行猛烈地反击，甚至恶狠狠地报复。

不过，这里有两种特殊情况。

第一种：如果你一直敬仰某个人，又偶然与之相识，那么在同他握手时，你也会不知不觉地用力。这种冲动的力量，表明你对同对方的相识感到很兴奋，希望能继续同他交往。所以，从对方握手的力量上，也能判断交往诚意的深浅程度。

第二种：使劲儿握对方手，会给人一种专断、独裁的气场，表明你只想遵照自己的意愿去行动，也希望别人遵照自己的意愿去行动，否则你会很不高兴，这会给别人一种震慑，适用于特殊情况。

有位叫彼得·弗克的刑警，他习惯一边握着嫌疑犯的手，一边进行提问。只要一与他握手，嫌疑犯立即会陷入一种不利的境地。因为这位刑警的手劲儿很大，好像要把对方的骨头捏碎。嫌疑犯只要一和他握手，内心马上会感到紧张和不安。

（3）握手时间的把握

握手时间不要太长，以 5 秒为宜。握手不过是一种礼节性的接触，过分看重这种接触，过分殷勤地同对方握手，势必会降低你的气场。如果对方的社会地位比你高很多，而你又没什么话要对他说，这时刻意上前与之握手并介绍自己，会显得别有用心。

还有，如果你的手凉，或者有水、汗的时候，不宜与人握手，因为没有人愿意去握湿冷的手——握这种手会令人感到很不舒服，你的气场相应地也就受到消减。这时候，最好的处理方式是谢绝握手，同时必须解释清楚并致歉。

找一些亲和力极高的人，比如成功的生意人、德高望重的老师等，和他们握手，感受他们的气场是如何影响你的，感受他们是如何轻轻松松就让你卸下警惕之心的，好好向他们学习。

总之，握手的方式需要根据时间、场合、人物等的不同而有所区别，具体情况还需你自己恰当、熟练地把握。只有这样，你才不至于有失魅力风采，把握好接受别人和赢得信任的契机。

3. 往那一站，就是一种姿态

我们每个人都有自己习惯的站立姿势。不要小看这站姿，不同的站姿往往表现着你不同的内在精神，会极大影响你的气场。你的气场够不够强大？不用你说，你的站姿就可以“出卖”你！

皮克·菲尔博士总结出了人类常有的7种站姿——不管面对什么人，在什么场合，我们站立时基本都会采用其中的一种姿势。请看这七个不同的站姿，它们所体现的气场是什么效果！

（1）挺胸收腹、双目平视

如果不是刻意的伪装，这表明一个人具有超强的自信，气场强大，给人以“气宇轩昂”“心情乐观愉快”的印象，具有驾驭一切的魅力，与别人相处的会很融洽，也比较受别人的欢迎。

（2）弯腰曲背、略显佝偻状

这会让你表现出过强的自我防卫意识和意志消沉的迹象，同时，也表明你在精神上处于劣势，有惶惑不安或自我抑制的心态。皮克·菲尔认为很多人是这种站姿，因为这样比较舒服，他指出：“当你常以这种姿势面对同事、上司、客户或家人时，你很难找到主角的感觉，尽管你的内心并不乐意。”

（3）两手叉腰而立

这是具有自信心和精神上占优势的表现，对自己的行为充满成就感，气场也超强，在任何领域都居于“一号位置”。如果加上双脚分开比肩宽，整个躯体显得膨胀，往往存在着潜在的进攻性。这需要行为人有硬实力作为基础，对面临的事物没有充分心理准备时他绝不会采用这个动作。但这样的人很害怕失败，也不敢面对失败给自己带来的打击。

（4）双腿交叉而立

人们在采取这种姿势时，更多会靠住墙壁或倚在办公桌上。这是一种表示持有保留态度或轻微拒绝的姿势，也可能是感到拘束和缺乏信心的表示，会让人在与你交际时感到微微不适或淡淡的冷意！

（5）将双手插入口袋而立

有人站立时习惯把双手插入裤袋，这样的人性格偏于保守、内向，会给人小心谨慎，城府较深，喜欢暗中盘算的气场印象，是成熟的姿势。若同时配合有弯腰弓背的姿势，则是心情沮丧或苦恼的反映。

（6）靠墙壁站立

靠墙站立的人，大多是失意者，但他们通常比较坦白，容易接纳别人。要注意的是，要尽量避免在交际场合采取这种姿势，这会让人觉得你缺乏独立性，给人一种没有实力的印象。

（7）背手站立

当你采取背手姿势时，人们多半会认为你是自信力很强的人，喜欢控制和把握局势，气场很强，能够接受新思想和新观点，是个比较好沟通的人。但如果你不是面对自己的下属，请不要把它带入交际场合。从某种意义上讲，这种气场非常官僚化，是居高临下的强者！

4. Sweet的笑容颇具“杀伤力”

世界上有一种很美丽的语言，它不需要你长篇大论，更不需要你画蛇添足去粉饰，但它却能传递给别人最奇妙、最具杀伤力的气场，那就是微笑。这种气场产生在一刹那间，却给人留下永久的记忆。

达·芬奇的《蒙娜丽莎》之所以有着超越时空、震撼人心、征服全世界的气场，被全世界公认为最伟大也最具魅力的艺术品之一，正是因为蒙娜丽莎那若隐若现而又弥漫神秘的笑意。

英国诗人雪莱说：“微笑是仁爱的象征，快乐的源泉，亲近别人的媒介。有了笑，人类的感情就沟通了。”确实，微笑是一种主动示好的表现，它能缩短人与人之间的距离，使人产生一种安全感、亲切感、愉快感，这是气场存在的第一要素。它可以帮助你打开自己的人脉之门，也能够为你的成功加一层保险。

美国钢铁和国民蒸馏器公司的子公司RMI，坐落在俄亥俄州的奈尔斯。一段时间里，RMI公司的工作效率低，生产率和利润率也上不去。改变这一情况的是一个叫作大吉姆·丹尼尔的人，他是RMI公司的新任总经理。

大吉姆·丹尼尔没有什么特殊的管理办法，他只是在工厂里到处贴上了如下标语：“如果你看到一个人没有笑容，请把你的笑容分给他。”这些标语下面都签有名字：“大吉姆”。大吉姆·丹尼尔所做的还不只是这些，他还让公司设计人员制作了一个特殊的厂徽：一张笑脸。并将这张笑脸绘在公司办公用品上、工厂大门上、厂内板牌上，甚至在员工的安全帽上。

于是，在RMI公司，人们常常可以看到大吉姆·丹尼尔满面春风地向人们征询意见，喊着员工的名字打招呼。即便是和工会主席列席会议的时候，大吉姆·丹尼尔也常常面带着笑容。

微笑使RMI公司渡过了这个难关，不到3年的时间，RMI公司没有增加1分钱的投资，生产率却惊人地提高了近8%。而且，还带来了巨大的经济效益，使公司的资产总值达数十亿美元。

后来，RMI公司的厂徽，也就是“大吉姆”式的笑脸，被美国人称为“俄亥俄的笑容”。《华尔街日报》称RMI为“它是纯威士忌酒——柔情的口号、感情的交流和充满微笑的混合物”。

这就是微笑的力量，一种可以创造气场的不可忽视的力量，一种让自己开心、别人快乐的秘密武器，一种能使陷入僵局的事情豁然开朗，创造奇迹的力量。正如卡耐基所说：“微笑不花费什么，却创造了许多的成果。它富足了那些接受的人，而又不使给予的人变得贫瘠。”

我们脸上总共有超过80条以上的肌肉，如果这些肌肉习惯了呈现沮丧、乏味和无奈的表情，那你就难免变成面无表情的塑像。你能期待一张空白的纸给你什么印象？而且，这还会不时地以负面的牵动方式控制我们的情绪和状态，如此还谈何气场？

也许，你会质疑，不就是对着人微笑吗？这对我的生活会有什么影响呢？请注意，我们这里所说的微笑并非假笑。装模作样或矫揉造作的微笑是虚伪的。焦黄黯淡，这样的脸，气场在哪里？

真正能够制造气场的微笑一定是发自内心，不卑不亢，既不是对弱者的愚弄，也不是强者的奉承。当面带真诚的、发自内心的微笑去生活时，你的气场就会很足、很足，这跟贫富、地位、处境等都没有必然联系，而是在于你是否具备以下的人格特质：直率又善良的气质、容易感到满足、拥有一颗谦虚的心、对别人有强烈的同情心等。

一个万贯家财的富人有着一栋气派十足的豪华住宅，四周是一片翠绿宽广的草坪，其间还有花园、网球场以及游泳池，但是他每天却寝食难安，愁眉不展，因此家人也都闷闷不乐。

有一天，富人去乡下游玩，他看到一家做豆腐的穷夫妇，他们穷得只剩下光秃秃的四面墙了，每天需要从早忙到晚，不停地做豆腐、卖豆腐，但是他们脸上常常挂着微笑，孩子们也在笑声中玩耍。

富人觉得很奇怪，便非常不解地问穷人："你们这样穷、这么累，为何还这么快乐？"

穷人放下手中的活，回答道："经常苦着脸，一副苦大仇深的样子，对处境并不会有任何的改变。相反，如果微笑着去生活，不仅全家人获得快乐，顾客也更乐于跟你交往，你得到的机会也会更多。”

富人怔住了，惊诧不已，他对自己说：“从此以后，我也要把微笑当作寻常的行为。”此后两个月，他每天早上都对妻子、孩子、佣人微笑。结果怎么样呢？微笑改变了他的生活，家里的每一个人都对他报以微笑。从此，他富有、快乐，并拥有幸福。

现在，请你对镜自视，镜子里面那个“他”是不是皱着眉头，一脸苦相，嘴巴紧紧收缩，像是苦大仇深，被人偷走了全部家财一样？你瞧，“他”是不是一副失败者的形象，气场又是多么的可怜？让“他”滚开，离得远点，为全新的“我”做些事情吧！

事实上，微笑的习惯是可以修炼而成的，只要你愿意随时都可以。比如，你可以穿一件自己喜欢的衣服，有意地自我打扮一番；多和自己说“今天我很开心”“我的微笑很迷人”之类的话，不断地对自己进行积极的自我暗示；想一些比较开心的事情，在大脑里像一部电视片一样对自己播放。

嘿，开始微笑吧！仔细感受一下，不敢置信的事情发生了，你的体内是不是重新充满了力量？它似一股甘泉滋润着你干涸的心田，赐予你新的憧憬和希望，你感到生活充满了乐趣，强大的气场促使你以昂扬的斗志迈步向前！

如果你真希望改变自己的人生，不妨在随后的一个星期里每天五次、每次一分钟地面对镜子摆出个大笑脸，这样做或许有些可笑，不过只要你做得勤快，做得到位，你总能找到上述感觉的。

如果你感觉到了，那么请保持你的微笑，并让它成为你永久的招牌，让气场飞扬起来！你准备好了吗？现在就开始吧！说不定，此刻旁边就有人在悄悄地看着你。

5. 每走一步，都要散发气度

走是我们在生活中最常见的动作，走姿属于一种动态的美。无论是在平日的工作中，还是在日常的生活中，走姿往往是最引人注目的身体语言，也最能体现一个人的风度与活力。

就像京剧演员的台步与人物的身份有着一定关联一样，生活中的人有着各种各样的走姿，每个人的走姿给人的感觉有很大差别的。不论怎样掩饰，走姿都会毫不留情地揭穿你的“老底”。

试想，一个人行路时弯腰驼背、低头无神、脚步拖沓、步履迟缓，甚至走八字脚、“鸭子步”，勾肩搭背，东倒西歪，你是不是觉得他无精打采，没有自信，缺乏风度，他的气场也是虚浮的，没有力量的？

因此，要想在气场上胜人一筹，成为众人的焦点，你就要掌握正确的走姿：面朝前方，双眼平视，抬头挺胸，收腹夹臂，使全身看上去成一条直线，并遵循以下要点，走出自己的气势。

（1）步伐矫健

步伐矫健的人，大多精力充沛、精明能干、轻松灵活、敢于面对现实生活中的各种挑战，适应能力特别强。他们凡事讲求效率，从不拖泥带水，是典型的行动主义者，令人精神振奋。

看过电影《穿 PRADA 的恶魔》的人都会被梅丽尔·斯特里普在影片中展现的气势所震慑。没错，她就是米兰达，她就是那个女魔头。一头银发，华丽的皮草，无论在哪里她都是迈着矫健的步伐，转身后摘下墨镜，双眼无视其他人，每一次开场都来势汹汹，给别人一个下马威。

（2）步伐稳健

这类人走路时总是一副慢腾腾、优哉游哉的样子，别人无论说得如何急他都不在乎似的，这是典型的现实主义派。他们给人以沉着、庄重、斯文之感，非常容易获得别人的好感和信赖。

（3）步伐雄壮

走路如同上军操，步伐雄壮、铿锵有力，双手有规则地摆动。这种人意志力较强，对自己的信念非常专注，他们选定的目标一般不会因外在的环境和事物的变化而受影响，给人以英武、勇敢、无畏的印象。

（4）步伐轻盈、敏捷

这种走姿多为女性所爱，有健康、轻盈和阴柔之美，是女性气质高雅、温柔的象征。肃静是一种风味，而美妙的步态，则更添女性贤淑、温柔之魅力，利于揭示自身的风貌。尤其是穿长裙或旗袍时，步幅应小，步速要紧，你会发现身体被拉高，曲线更漂亮，气场也瞬间被放大了。

你看过著名影星张曼玉在电影《阮玲玉》中的镜头吗，她高挑的身材，穿着单薄的旗袍，走在幽静的小巷子里，轻盈的走姿凸显了她最美好的身段。任何看过这个镜头的男人，都会心旌摇动，真切地感受到张曼玉高贵而迷人的气质，这就是走姿所带来的迷人气场。

据说，为了演好阮玲玉这个角色，张曼玉曾在多面镜子前苦练走路，最终出神入化，让观众分不清她是张曼玉，还是阮玲玉。在现实生活中，这位年过五十的美女明星，尽管淡出荧屏已久，尽管行事低调，但只要她出现就能以优美的走姿攫取众人的注意力。

当然，走姿确非一日之功，要靠平时养成。你可以假想自己是名模特儿，走在路上就把路当你家的，你的T型舞台，但也不是要你走得横行霸道，要走得旁若无人，目不斜视，这样看起来就有气势多了。

需要注意的是，走姿虽然决定于人的性格和习惯，但与人的心情也有密切关系。走姿是一种节奏，是为情绪打拍子的，如同舞场的旋律。与其说是走路轻、重、缓、急、稳、沉、乱等，不如说是人的内心或稳定或失衡，或恬静或急躁，或安详或失措的状态。

因此，刻意去学习怎么样走路才比较有气势，那些只是外在的，根本学不出那种由内至外散发出的逼人气势。一旦不注意的时候，走路的姿势就会随着你内心的变化而发生相应的变化。

所以说，最主要的是你要把自己的心态调正，保证稳定的情绪，抱着积极乐观的态度，还有自己要有充足的信心，这样走起路来自然就会有气势，而这种气势往往也最真实、最能感染人。

6. 坐有坐相，暴露你的修养与风度

坐姿，自然也是提升气场的必修课。坐姿不仅能展现出你的形体美，更能展现出你特有的气质。一个坐姿不端正的人，即使其他方面再优秀，也难免会给人留下不好的印象，气场大打折扣。

事实上，不同的坐姿有着不同的含义，会透露出你的性格特点和内心秘密等一些信息，下面我们来看看以下 7 种坐姿表示的含义。

（1）正襟危坐

正襟危坐，两脚并拢并微微向前，整个脚掌着地——说明你做事有条不紊，为人真挚诚恳，襟怀坦荡，但容易较真，力求周

密而完美，缺乏足够的创新与灵活性，气场显得呆板。

（2）臀部完全坐入椅内并且挺胸直背

这暗示了你对事情已经胸有成竹，在心理上处于优势，或者有指挥者的气质或支配性的性格，具有主管一切的偏好，也可能是性格外向，有时不知天高地厚，自以为是。

（3）只坐椅子边缘

在心理上有低人一等的感觉，缺乏精神上的安定感，时刻准备迎合对方的下一步行动，气场很虚。

（4）跷着二郎腿

交谈时跷着二郎腿，无论哪条腿放在上面，你都很自然，说明你比较自信，周围的人际关系也比较融洽。若是总是变换架腿姿势，则是情绪不稳定的流露，气场也不稳定。

（5）脚腿不停抖动

这样不仅会让别人觉得心烦意乱，而且也容易给人留下极不稳重的印象。而且，这种人最明显的特点是自私，凡事从利己角度出发，对别人很吝啬，对自己却很纵容，但经常会提出一些意想不到的问题。

（6）将腿放在桌椅上

有的人喜欢把脚架在高处，甚至抬到身前的桌子或椅子上，这是有较强的支配欲和占有欲的表现，会给别人留下粗鲁、无理的印象，甚至认为你的个人品质有问题。

（7）脚踝交叉地坐在椅子上

这种坐姿不仅姿势优美，还能传达拒绝的含义。研究表明，这是一种控制感情、控制紧张情绪和恐惧心理，很有防御意识的一种典型坐姿。喜欢这样坐的人做事易犹豫不决，习惯独处，不过很有洞察力。

你觉得怎么样坐着最舒服？你有没有意识到你的坐姿对气场的影响？你想不想用坐姿提升自己的气场？今天，就让我们来一起练习优雅高贵的坐姿，让你在坐下的那一刻，就给人与众不同的感觉，让自己更有吸引力！

优雅坐姿的基本要领，即面带微笑，双目平视，嘴唇微闭，微收下颌。立腰、挺胸、上身自然挺直，双肩平正放松、两臂自然放松。注意手臂的摆放，入座后放手臂的正确位置主要有五种：

（1）放在两条大腿上

双手各自扶在一条大腿上，也可以双手相握后放在两条大腿上，或者双手叠放后放在两条大腿上。

（2）放在一条大腿上

侧身和人交谈时，通常要将双手叠放或相握地放在自己所侧一方的那条大腿上，这样既能显示你对对方的尊重，又让你整个人看起来轻松自然。

（3）放在皮包文件上

当穿短裙的女士面对男士而坐，为避免“走光”，可以把自己随身的皮包或文件放在并拢的大腿上。随后，就可以把双手或扶、或叠、或握着放在皮包文件上面。

（4）放在椅子扶手上

当正身而坐，要把双手分扶在两侧扶手上。当侧身而坐，要把双手叠放或相握后，放在侧身一侧的扶手上。这样既能保证椅子平稳，也不会影响别人。

（5）放在身前桌子上

把双手平扶在桌子边沿，或是双手相握置于桌上，都是可行的。有时，也可以把双手叠放在桌上。

入座后，下肢大都落入别人的视野内。不管是从文明礼貌还是从坐得优雅舒适的角度来讲，坐好后下肢的摆放，应多加注意。尤其是在社交场合中，一定要与场合、环境相适应，才能完美显示你的气场。

正式坐姿

上半身与大腿、大腿与小腿、小腿与地面都形成直角，双膝允许分开，分的幅度不要超过肩宽。这种坐姿可用于面谈之类的正式场合，可给予对方真诚、坦诚的印象。但也不要双膝并得太紧，一动不动，否则会让人产生一种紧张、缺乏安全之感。

曲线坐姿

双膝并拢，两脚尽量偏向后左方，让大腿和你的上半身构成90度以上的角度，再把左脚从右脚外面伸出，使两脚的外线相靠，双脚脚掌着地，这样你的身形便雅致而优美，无懈可击。这是一种对男女都适用的动作，尤其适合穿裙子的女士，可以避免“走光”的尴尬。

交叉坐姿

这是一种适用于各种场合，男女都可选用的方法。动作为先并拢双膝，双脚在踝部交叉。交叉后的双脚可以向内摆放，也可以向两侧的任意一侧摆放，但不要向前方直伸出去，否则会给你的修养大打折扣。

还有，就座时应缓慢而文雅，轻松而自然地着椅，并坐椅子的 3/4 左右的面积，坐出精神饱满的姿势，以表示对对方的恭敬和尊重。不论坐椅子或沙发，坐满都会给人留下慵懒的印象。

谈话时，可以有所侧重，此时不仅应面向对方，而且同时应将整个上身朝向对方。当与旁边就座的人交谈时，可略微侧身而坐，把双手叠放或相握后放在侧身方向的大腿或扶手上，既能保持身体平衡，又能尽显端庄。

无论对于女士还是男士而言，优美文雅的坐姿，不仅给人以沉着、稳重、冷静的感觉，而且也是尽情展现你气质和风度的重要形式。坐好了，你会逐渐发现成为一个受人瞩目的气场人士并没有想象中困难。

7. 蹲下来，气场依然在

谁都有掉东西的时候，如果身处公众场合，不得不低身取物或俯身拾物，你一定得注意蹲下的姿势。千万别小瞧这个瞬间的动作，如果取物的姿态不正确，不仅不雅观，还会大大降低个人的吸引力和影响力。

试想，如果你看到一位漂亮可人的小姐像孩子那样弯腰曲背、低头撅臀或双腿敞开地下蹲，你是不是顿时会觉得她原本的美好形象大打折扣？更别提她会一刹那间“走光”，露出内衣裤了。

不要以为这样的险情只会发生在别人身上。如果你穿着职业套装，如西装和短裙的话，不正确的弯腰取物方式就会使你的气场大打折扣，而且还会使衣服受到牵扯，暴露胸部或者臀部。

虽然下蹲的姿势不常发生，但每一个人都很有必要了解如何保持优雅的蹲姿。蹲下来，并不会比别人矮多少，至少气场上不会。你不妨试一试下列四种蹲姿。

（1）高低式蹲姿

顾名思义，高低式就是指在下蹲的时候要有“高”有“低”。下蹲动作为：双腿不并排在一起，左脚在前，右脚稍后，两腿靠紧向下蹲。左脚全脚着地，小腿基本垂直于地面，形成“高”的一端；右脚则应脚掌着地，脚跟提起，然后屈右膝，使其内侧可以靠在左小腿内侧，形成“低”的一端。在保持左膝高、右膝低姿态的同时，臀部向下，上身微前倾，基本上用右腿支撑身体，整体形成“高、低”姿态。

男女士均可选用这种高低式蹲姿，男士往往更为方便，不过不要低头，要慢慢地把腰部低下，腰际线以上身体部分重心垂直，上身保持直线，两腿之间可有适当的距离，掌握好身体的重心。

（2）交叉式蹲姿

这种蹲姿的要求是：下蹲时右脚在前，左脚在后，右小腿垂直于地面，全脚着地。右腿在上，左腿在下，二者交叉重叠。左膝由后下方伸向右侧，左脚跟抬起，并且脚掌着地；两脚靠紧，合力支撑身体；上身略向前倾，臀部朝下。

这种蹲姿最适合女性，尤其是穿短裙的人，不仅不用担心姿势难看，还会给人以优美典雅的感觉。这个姿势虽然造型优美，但难度较大，要想做好，还要多加练习。

（3）半蹲式蹲姿

半蹲式蹲姿的正式程度不及前两种蹲姿，但好处是简单易行，基本特征是身体半立半蹲。要求在下蹲时上身稍许弯下，幅度不要过大，尽量不要垂直于下肢；臀部务必向下，而不是撅起；双膝略为弯曲，其角度可根据需要可大可小，但一般均应为钝角，身体的重心放在一条腿上。要特别注意的是，两腿之间不要分开过大。

（4）半跪式蹲姿

半跪式蹲姿又叫作单跪式蹲姿，双腿一蹲一跪。主要要求在下蹲后，一条腿单膝着地，臀部顺势坐在脚后跟上，脚尖着地，另外一条腿，应当全脚着地，小腿垂直于地面，双膝同时向外用力。男士两腿间可留有适当的缝隙，女士则要两腿并紧，穿旗袍或短裙时需更加留意，以免尴尬。

这种蹲姿也是一种非正式蹲姿，多用在下蹲时间较长，或为了用力方便时。但由于容易引起腿部酸麻，所以尽量少蹲。

无论采用哪种蹲姿，你都要注意将两腿靠紧，臀部向下，使头、胸、膝关节不在同一个角度上，自然、得体、大方，以形成优雅的蹲姿。

在公共场所的蹲姿还应注意，不要行进中突然止步蹲下，要注意自己与别人相隔的距离，以免发生碰撞的尴尬局面，或发生其他的误会。在他人身边下蹲时，最好是和他人侧身相向，因为正面他人或者背对他人下蹲，在别人眼里都是不礼貌的，难以接受。

此外，女士在穿低领上装、裙装下蹲时，要特别注意遮掩身体，既要瞻前也要顾后，注意内衣“不可以露，不可以透”，最好要用一手护着胸口，以免隐私暴露，影响你的整体形象。

了解了这些方法后，下次下蹲的时候就将它运用起来吧！这不是每一个人都知道的，却是每一个人都能做到的！

CHAPTER/07

吸引：精神气场由内而外的自我辐射

你对一件事的渴望有多高，决定着你所能达到的高度。只有敢于渴望和想象，激发追求成功的信念，全力以赴地去实现自己的“野心”，你的气场才会具备势不可挡的征服力。这样的磁场将会深深地吸引着好运和成功，让它们朝自己走来。

1. 你为什么没有存在感

你是不是有过类似这样的经历？比如，你和一群人经过促销柜台，促销员给了每一位顾客试用商品，唯独你被落下了；你工作认真勤奋，不怕苦不怕累，但加薪、升职的事情总也落不到你的身上？

遇到这样的情况时，大多数人或多或少会感觉自己被忽视，甚至被轻视了。可扪心自问：为什么别人会当你不存在呢？换作现在既流行又哲学的表达方式，这是因为你的存在感太弱。

存在感是什么？简单地说，存在就是一种感觉。即无论我们走到哪里，身处怎样的场合之中，都希望得到他人的关注，得到肯定和表扬，使自己感觉被重视，从而获得一种心理上的满足。缺少了这种存在感，人内心就会感到失落。

存在感对于一个人具有非常重要的意义。简单来说，它是通过他人对自己的关注，发现自我的价值，了解自己最惹人注意、被人欣赏的地方，以在未来更加有效地吸引他人的目光，让自己的价值给对方带来强烈的震撼。

曾经担任新加坡驻美国大使的 Chan Heng Chee 女士，尽管是一位六十多岁的老人，可任何一个看到她的人，都感觉她不过四五十岁而已，情不自禁地想接近她，因为她是一个存在感十分强的人。

当她在华盛顿一家酒店出席晚宴的时候，尽管与会者众多，场地狭小，但她一出现，会场的焦点立刻聚集在她一个人的身上，人们的目光一直追随着她，甚至很多人都情不自禁地朝她走去，希望与她握手、交谈，哪怕只是近距离地看看她也觉得是一件愉快的事情。

Chan Heng Chee 女士能够拥有这么强烈的存在感，能够在众人之中脱颖而出，成为万人瞩目的对象，与容貌无关，与年龄无关，这一切都有赖于她在举手投足之间都散发出一股吸引力，彰显出一股与众不同的气场。

如果你现在没有气场，找不到自身的存在感，请不必灰心，这个世界没有与生俱来天生的交际大使，也没有生来就魅力四射的人。你要做的是，不是继续默默无闻下去，而是主动出击！

存在感，不是什么神秘的东西，它不仅包含了来自外界的认同，更多的是自身的认同，即参与度。不善表达、性格懦弱或者甘于平庸等均会助长被人忽略、被人轻视的情况出现，甚至恶化。相比而言，自身参与度高的人比自身参与度低的人存在感要强得多，他自然也就不会输在气场上。

推销员齐磊在家电销售市场上摸爬滚打了很多年，取得了常人难以企及的业绩，他的过人之处就在于他有很强的个人存在感。无论身在什么样的场合，他总是能够将别人的目光集中到自己身上。

为了发展客户，齐磊经常会参加各种商界培训、酒会等，只要发现目标，齐磊的手就会立刻习惯性地伸进口袋里，然后有礼貌地掏出名片，送给对方，友好地说："嗨！你好，请多多关照。"齐磊是一个篮球迷，他甚至前往体育场看篮球比赛时，也会随身带着名片。逢场休息时，他就站在体育场边上，对来往的观众赠送自己的名片，以引起别人对自己的关注。

虽然很多时候，齐磊的行为并不会引起人们太多的注意，但是当人们买家电时，自然会想起他，然后照着名片上的联系方式，打过来电话说，"你好，我想买家电，你能帮我推荐一下吗？"

"嗨，大家好，请多多关注我！"的主动参与度，对于提升自身气场，找到自身存在感尤为重要。事例中的齐磊之所以能将自身的气场"辐射"到周围人身上，正是因为他的主动参与性增强了个人存在感。

的确，一个人的存在感强不强、气场够不够，自己本身是要负很大责任的。一旦你主动参与，情况就完全不一样了。试想，当你经过促销柜台，主动地和促销员请求试用商品时，她肯定不会再忽略你；如果你真的工作认真勤奋，又能将工作做得非常出色时，你不妨主动和领导“毛遂自荐”，你的存在感强了，气场也就出来了。

在这里需要指出的是，主动参与并不是指“出风头”。喜欢“出风头”的人都没有什么真正的能力，只会用一些花哨的东西来骗取他人的赏识，往往会被别人拆穿，甚至有时会不攻自破，自取其辱。而主动参与则是敢于表现自己，充分地展现自己。

尤其是当你的出色表现出乎人们的意料时，人们自然就会对你刮目相看，到时你还用愁找不到存在感、没有气场吗？说不定，他们还会被你这种气场所感染，从而乐意给你提供更多、更好的成功机会呢！

2. 所有的一切都可以吸引过来

气场是一种磁场，当你内心坚定了某个渴望的时候，它就会变得异常强大，结果你期待的事情就真的会奇幻般地发生。

想要什么就来什么，就像哆啦A梦神奇的百宝箱，就像神话故事里的阿拉神灯？你是不是觉得这有点太玄妙了？听上去甚至不可思议、难以置信？

那么，现在请你回想一下，在生活中你有没有过这样的体验：你在公园散步的时候突然遇到了自己朝思暮想要见的人；你想要一个笔记本电脑，朋友果真将它作为生日礼物送给了你……相信很多人都有过这样的体验。

这不是什么巫术，实际上这些都是气场的作用。如果你了解著名的“吸引力法则”，你就会发现气场与之有着异曲同工之妙，即“你生活中的所有事物都是你吸引过来的！是你大脑的思维波动所吸引过来的！”

当一个人的注意力或是所有的能量都集中在一个目标——内心的愿望的时候，无论这件事情是你我想要或不想要的，我们都能吸引着它们成为自己生活的一部分。

电影《倒霉爱神》恰恰给我们展示了这个事实。

女主人艾什莉好比上帝的宠儿，始终受着生活的眷顾。毕业后她不费周折就在一家知名的公司作了项目经理；随便买一张彩票就能够中头奖；在繁忙的纽约街头想要搭计程车，很快就有好几辆车都向她驶来……她的生活和工作，可谓是一路畅通，惬意而幸运得让人嫉妒。

男主人杰克好比世上的“天煞霉星”，有他出现的地方就有霉运。新买的裤子看上去好好地，可一穿就断线；工作上他更没有艾什莉那么幸运，他不过是一家保龄球馆的厕所清洁员；更倒霉的是，医院、警察局、中毒急救中心，是他经常光顾的地方。

看到这些零碎的片段时，众人不禁哑然失笑。不过，你有没有想过，同样是生活在一起的两个人，怎么有人幸运，有人倒霉，而且差别还这么大？是运气吗？不是！这是人的气场在发挥作用。

艾什莉的内心充满着对好运气的渴望，这种渴望促使着她去感受美好，追求快乐，因而她的感觉越来越好。反观杰克，他在潜意识里不断地提醒自己，很快就有霉运来了。于是，正如他所想的那样，倒霉的事真的接二连三地来了，而且想甩都甩不掉！

人的气场就是一块磁铁，你选择了什么样的思考方式，就会得到什么样的结局。这是一个规律性的问题，因为思想决定着人的状态，人在心底做出的决定会指引着你前进的方向，所以在开始行动之前，你其实就已经形成了自己的气场。

1907年，布鲁斯·麦克莱兰出版了他的著作《想象力带来富有》。在书中，布鲁斯提出了这样一个概念："你是你所想，而非你想你所是。"我们说的气场理论，也是如此。

所以，若是你一辈子都认定自己是倒霉的，你的气场就会变为灰色，所有的好事都会绕道而行，与你有缘的就是各种各样的坏事，你想干什么都会碰壁，那你显然就将在自卑和哀怨中度过一生。

反之，如果你不想让倒霉的气场占据上风，并决定自己的境遇，那就要有勇气做出改变。换句话说，若你能改变气场，对一切好运充满期待，你所做的一切都在朝着好运的方向努力，那么，你自然就会享受到惬意美好的生活。

让自己拥有期待吧！你的意识里想的是什么，那么它就会在你的生活中表现出什么。每个人都有这样的能力和机会成为幸运人物，因为气场就隐藏在每个人的心里，关键在于你是否能够巧妙将它的能量引爆。

OK！现在你问一下自己喜欢什么，希望什么？然后，重视你心里所期待的这些东西，并将所有的注意力和能量都聚集到这个点上。接下来就很简单了，你就等待愿望实现吧！不信你就试试看！

3. 有“野心”的人，气场都很强

“野心”代表着强烈的占有欲，在多数情况下是个贬义词，如狼子野心、野心勃勃等。不过，如果没有一颗野心的话，人就只能一直平庸下去。因为野心就是雄心，是目标，是方向。

人的命运，往往与其内心的渴望有紧密的联系：一个人最终取得的人生高度，是平庸还是辉煌，很大程度上取决于“野心”的有无；一个人最终平庸与辉煌的程度，则取决于“野心”的大小。

我们所做的每件事都是抱着希望做成的，有句话说得好：“现在你是谁不重要，重要的是你想要成为谁。”现在更有心理专家研究表明，“野心”其实是一个人聪明才智的崇高标志，是成功的关键心理因素之一。

在实际生活中，我们经常见到一些对工作认真负责，在岗位上几十年如一日辛苦劳作的人，可他们的人生似乎并未有多大的成就，很多还沦为不起眼的人了。为什么呢？正是因为他们胸无大志、没有野心。内心少了一股气势，无论如何也制造不出强大的气场，更谈何成功？

野心的力量真的有这么神奇吗？事实上，野心就像是一块磁铁。当一个人有野心，内心渴望的是成功，那他的周身就会发出一股积极的能量，吸引着我们向目标靠近，命运也会发生神奇的变化。并且，这种欲望越强烈，成功的可能性就越大。

美国青年卡特一直在华盛顿混日子，后来又去了东南亚。然而，到他 35 岁回国的时候，他已经从一个不学无术的穷小子变成了身价千万美元的富豪，而这一切，都源于他内心的转变。

过去，卡特一直在华盛顿的街头用扑克牌骗人，每天过着提心吊胆的日子，生怕被警察抓进监狱。但他并不觉得贫穷的日子有什么不好，一直玩世不恭，还把这种生活当成潇洒和时尚。尽管他周围的亲人朋友都在为了生活忙碌着，他们的生活也像火箭升天的速度一样发生着改变。当时卡特最喜欢研究有关世界末日的话题，他常常说：“地球就要毁灭了，你做的这些事情有什么意义呢？”

总之，那时候的卡特不希望变成什么成功人士。而且，他一点都不喜欢钱，甚至鄙视一切与财富有关的东西。每次看到股票新闻，他都想要呕吐；路过银行门口的时候，他也会想到“钱算什么呀”。

然而有一天，卡特受到了羞辱。因为卡特给人留下的印象太糟糕了，谁愿意和一个整天无所事事、终日在街头拿着扑克牌瞎混的男人交往呢？那天，卡特又去叔叔家吃饭，却被挡在了门外，叔叔冷嘲热讽地说：“很抱歉，卡特，这里没有你的饭。”卡特离开了叔叔家，在街头上游荡，他突然觉得自己如此悲哀。他想：“为什么他们要如此对待我？”逛了几圈之后，他终于明白：想要改变这样的生活，就必须和他们一样。

卡特决定要改变自己。他发誓：一定要成为有钱人，别人拥有的东西，自己一样都不能少，这是最起码的。于是，他开始在华盛顿推销日用品，后来又到东南亚去做电器生意。后来，他开设了自己的公司，注册了自己的品牌，生意越做越大，如今他已经拥有十几家分公司了。

如果当初被叔叔赶走的时候，他只是耸耸肩一笑，继续过自己无欲无求的日子，那么，现在的卡特是什么样子呢？连卡特自己都这样回答：“哦，我简直不敢想象，或许是在监牢里赎罪吧！”

世界上的平庸者，就像是过去的卡特一样，习惯过着无欲无求的日子，甚至巴望着天上能够掉下一个馅饼。这样的人生，注定不会精彩和成功。不过，幸好卡特在遭到叔叔的冷嘲热讽后，开始渴望做一个成功的人了，并最终凭借着这股气场吸引到了成功的机会，改变了人生轨迹。

别把野心想得太坏，它是一种最有创造性的兴奋剂，在本质上是充满活力的东西。只要你的野心是恰当的，合理的，不损害他人利益的，那么你就应该善待它，利用它。野心有多大，气场就有多大，成功也就有多大。

无独有偶，亚洲最大的富翁之一、泰国盘谷银行的董事长陈弼臣也是在野心的驱使下，气场日益强大，最后走向成功的。

陈弼臣是一名泰国华侨，儿时被父亲送回中国接受教育。因为家境贫寒，17 岁时他被迫辍学。返回曼谷后，他做过苦力，当过小贩和厨师，也为两家木材公司做过账房。日子清贫又辛苦，但他却始终不向生活屈服，因为他梦想自己有一天做个大商人。

四年之后，他从一家建筑公司的秘书，晋升为部门经理。随后，他又开设了一家五金木材行。当手里有了一些积蓄后，他又开了三家公司，致力木材、五金、药物、罐头食品和大米等的外销业务。后来，他与另外几位泰国商人集资 20 万美元创立了盘古银行，出任盘谷银行的总裁，成为该银行的中流砥柱。

1983 年 6 月，美国《金融》月刊将盘谷银行列入全世界最大的 12 家银行之中，陈弼臣的私人资产估计在 10 亿美元以上，美国的《时代》周刊称之是“泰国的头号大亨”“泰国的最大家庭企业王国的北极星”。

早期的陈弼臣只是一个没有继承祖业，也没有飞来横财的普通人，但他的内心有一种强大的气场，那就是渴望做一个成功的人。他内心的气场以合理的方式向外辐射，从而改变了人生轨迹。

因此，如果你渴望与卡特一样，成为财富的拥有者；或是像陈弼臣一样，在自己从事的领域树立影响力，走出一条属于自己的路，那么你要做的第一件事就是培养自己的野心，一颗蠢蠢欲动的野心。虽然它不一定能够换来成功，但你有了必胜的气场，也就等于成功了一半。

当你有了想要改变现状、改变自我的欲望，你就会奋发图强，全力以赴地实现自己的“野心”，尝试着改变人生的航标。想象一下：这时候的你，是多么的不同凡响，多么的有魄力和气场！

4. 激情四溢，气场飚扬

激情，是不断鞭策和激励我们向前奋进的动力，可以让我们对自己所做的事充满信心，充满高度的热情，就算遇到重重困难和阻碍，也能够表现出最坚强、最无所畏惧的样子，不管走到哪里都会有气场，不管从事什么工作都可以脱颖而出。

激情可以创造奇迹，就像《瓦尔登湖》的作者亨利·戴维·梭罗说的那样："一个人如果充满激情地沿着自己理想的方向前进，并努力按照自己的设想去生活，他就会获得平常情况下意想不到的成功。"

22 岁那年，美国人卡腾堡只身一人来到巴黎闯荡，他身无分文，是个不折不扣的穷光蛋。后来，他在巴黎版的《纽约先驱报》上刊登了一则求职广告，并找到了一份推销立体观测镜的差事。

卡腾堡并不喜欢这份工作，而且他根本不会说法语，但是为了生存他知道自己必须要做好这份工作。仅仅一年的时间，卡腾堡便成为当时法国每月收入最高的推销员之一。他是怎么创造这个奇迹的呢?

工作之前，他请老板用纯正的法语把他要说的话写下来，然后背得滚瓜烂熟，接着就去上门推销。每天早上出门之前，他都会给自己打气说："把自己想象成演员，正站在舞台上，下面有很多观众看着你。你现在做的事就和演戏一样要有激情，自己都不投入怎么会有人喜欢呢？"

因此，每一次别人打开门后，卡腾堡都会热情洋溢地跟对方打招呼，并递上实物照片，开始用带着美国口音的法语背诵那些推销用语。人们即使不打算买东西，也会被卡腾堡的热情所感染，就这样一年之后，卡腾堡竟然一个月赚到了 5000 美元。

推销员卡腾堡不擅长法语，却能够感染他人，并终获非凡的成就，这都是气场在发挥着作用。他的气场源自什么？激情！这就是激情的力量，这就是积极的气场带来的结果。所以，他一直告诉后来者："投入你的感情，表现出你对生活的热情，让人们能够真正地体验、享受你的真实感受。然后，你就会得到你想要的回报。"

取得成功的一项绝对必要条件就是热情。这条卡腾堡在奋斗道路上所体悟出来的成功秘诀，也是每个希望成功经营自己事业的有心人最为有用的成功指引。

美国《管理世界》杂志曾进行过一项测验，他们采访了两组人，第一组是事业有成的管理人员，第二组是商业学校的优秀学生。他们询问这两组人，什么东西最能帮助一个人获得成功，两组人的共同回答是"热情"。

是的，热情之于事业，就像火柴之于汽油，如果没有一根小小的火柴将它点燃，那么汽油的质量再怎么好，也不可能发出半点光、放出一丝热。有了热情这根火柴就不一样了，它能够引爆你的气场，把你拥有的多项能力和优势充分地发挥出来。

相反，没有热情的人不仅很难引爆自己的气场，而且就好像是没有发条的手表一样缺乏动力，做事勉勉强强，一旦遇到困难就会退缩。这样的人无法感染周围的人，也很难改变平凡的命运。

需要指出的是，激情是一种需要长期保持的品质。短暂的激情是不值钱的，长久的激情才是赚钱的。所谓长久的激情，就是无论遇到什么苦难和阻碍都能始终如一地保持激情，我们的人生才会发生巨大的改变。著名人寿保险推销员弗兰克·贝特格的成功经历，向我们充分诠释了这一点。

年轻时，他刚转入职业棒球界不久，弗兰克·贝特格就遭到了有生以来最大的打击——他被开除了。老板给他的理由是："你动作无力，还无精打采的，哪像是一名职业棒球工作人员？我认为你不适合在我们这里。"

这是令人沮丧的事情，当进入纽黑文队时，弗兰克下定决心要成为最有激情的球员，并且他成功地做到了。一上场，他就像全身充足了电的勇士，他在球场上奔来跑去，快速、强力地击出高球，他的激情不仅感染了整个球队，还引爆了全场的观众，让他们的情绪高涨。

出色的表现让教练赞赏不已，他表示："我喜欢弗兰克的激情，他永远都饱含激情，他总是有用不完的能量，我很高兴他在我手下效力，我喜欢看他的表演。"很快，弗兰克的月薪从 25 美元涨到 185 美元，还被评选为英格兰最具热情的球员。

从球队退役后，弗兰克转行去做保险推销。最初的十个月非常糟糕，因为客户总是在他没有把话说完的时候就把他赶走。后来，他的老师卡耐基先生一语惊破："弗兰克，你推销时的言语一点生气也没有，如果换成是我，我也不会买你的保险。"这是一个重要的忠告，弗兰克想到用自己打球时的激情来好好推销保险。

一天，弗兰克走进一家公司，鼓起自己全部的勇气和热情向负责人推销保险。那位负责人大概从来都没有遇到过如此有激情的推销员，他挺了挺身子，瞪大了眼睛，认真地听弗兰克说话，没有赶走他，中途也没有打断他。最终，那位负责人接受了弗兰克的提议，买了一份人寿保险。也是从那天开始，弗兰克成了一个真正的推销员。

后来，弗兰克提到自己推销保险的成功经验时说："在我十几年的推销生涯中，我看到许多有激情的推销员的收入成倍地增加，也看到了很多人因为没有工作的激情而一事无成。而我自己，差点就成了他们中的一员。"

弗兰克·贝特格在事业上有所成就，与其说是取决于他的才能，不如说是取决于他的激情。虽然几次遭到外来的打击但是他都不曾忽视激情的力量，而是用激情感染了球队，说服了自己的客户。当你身处类似境地时，你能够如弗兰克一样保持长久的激情，一次次用自己的气场感染别人吗？

别再怀疑激情的神奇力量了，它能够跨越性地把你全身的每一个细胞都调动起来，驱动你个人影响力的发展，而这股力量将提升你的气场，其结果必然是感染周围所有的人，从而帮你获得成功和幸福。

所以，无论是工作中还是在人际交往中，请努力地释放你的激情，用激情点亮你的魅力焰火，品尝激情创造奇迹所带来的惊喜。而且，无论遇到什么困难，都要在激情中坚持，在坚持中胜利。

5. 有我在，没有不可能的事儿

不管出现什么情况，始终相信自己是一个成功者，认定自己是赢家，从来都不怀疑自己的人，他们的生命会被注入一股巨大的力量，他们的气场会告诉周围的人："在我这里，没有什么是不可能的！"

美国作家查尔斯 55 岁时，还没有写过小说，而且之前从未有过类似的想法。直到后来，他想将一个不寻常的想法拍成电影时才有了这个念头。有人对查尔斯嘲笑道："你都是个老头子了，怎么可能有人答应给你拍电影呢？你就别费那些没用的心思了。"

查尔斯有些紧张，他开始想自己日后该怎么办。查阅了一些卷宗后，查尔斯为自己写下备忘录，其中有十几句字体潦草的句子，写下了电影的基本情节。他在办公室里坐了一会儿，思索着是否该继续这样工作。

而后，他拿起电话，拨通了朋友、小说家阿瑟·黑利的号码："阿瑟，我有个自认为不寻常的想法，想把它写成电影剧本。你能告诉我，如何才能够把它交到某个经纪人或是制片商手里吗？"

"你想拍电影？不可能！"阿瑟不解地说道，"你从来没有拍过电影，怎么可能会拍电影？实话告诉你吧，就算你能找到经纪人或是制片商，你拍电影所得的报酬也不会很多，而且你还需要花上将近一年的时间呢！"

放下电话后，查尔斯陷入了沉思，他一直问自己：“我有写小说的天赋和耐心吗？”当他这样沉思的时候，他仿佛看到自己在进行调查、安排情节、描写人物、开始撰写，然后不断地润色……查尔斯写小说的信念越来越坚定，他决定用一年的时间改写所谓的“不可能”。

一年零三个月之后，查尔斯的小说终于完成了。他的小说被美国的西蒙公司、舒斯特和艾玛袖珍图书公司出版，还被拍成了电影——《绑架总统》，由威廉·沙特纳、哈尔·霍尔布鲁克和凡·约翰逊主演。查尔斯一跃成了著名的作家，此后他又写了五部畅销小说。

刚开始时，查尔斯的气场并不强，他一直迟疑自己是否有写小说的天赋。当他的眼前浮现出行动和结果的蓝图时，他内心坚定了成功的信念，要把“不可能”变成“一定能”，他的好运也随之而来。从一个默默无闻的老头，成为闻名于世的作家；从不被人看好和嘲笑，到受到万人拥戴。这是查尔斯依靠着信念为自己换来的成功，也是他依靠着信念为自己创造出的气场。

信念何以对我们的人生有这么大的影响?

这是因为，信念影响着一个人的气场，当一个人的信念变得积极并坚定之后，任何“不可能”的因素都无法改变他的气场，他的生命就像被注入了一股巨大的力量，指引着他向积极的人生迈进。

曾担任美国足联主席的戴伟克·杜根说过这样一段话：“你认为自己被打倒了，那么你就是被打倒了；你认为自己屹立不倒，那你就屹立不倒；你认为自己比对手优越，你就是比他们优越；你认为比对手低劣，你就是比他们低劣。因此，你必须往好处想，你必须对自己有信心，才能获取胜利。”

生活总是充满挑战的，甚至还有痛苦的遭遇，要想生存下去、获得成功非要有积极的信念不可。那些取得成功的人有一个共同点，那就是能够相信自己，即使是忍受百般的磨难也不改变初衷，从而使自身的气场持续散发出强大的力量。

拿破仑年少时，被贫穷却高傲的父亲送进了一所贵族学校。在那里，环绕拿破仑的都是一些夸耀自己富有而讥笑他穷苦的同学，“你以为在贵族学校上学你就能成贵族了吗？不可能！”这种讥讽深深地刺伤了拿破仑，他既愤怒又无奈。后来他实在是受不了，就写信给父亲说明自己不想读书的意愿。

“你必须在那里把书念完。”这是他父亲的回答。于是，拿破仑在那里忍受了整整五年的痛苦。期间，同学的每一种嘲笑和欺辱，都让他增强了决心，那就是一定要好好地做人，总有一天以实际行动让这些愚蠢的富人们看看，他一定比他们都强！

他大多数的同学都在利用课余的时间追求女人和赌博，而拿破仑却把所有的时间都用来读书，设法与他们竞争。图书馆里可以借书，这对于拿破仑而言非常有益，他可以免费充实自己，为理想中的将来做准备。那时候，拿破仑住在一个破旧的房间里，他孤寂、沉闷，却一刻也没有忘记读书，他还把自己想象成一个总司令，将科西嘉地图画出来，地图上清楚地指出哪些地方应当布置防范，这是用数学的方法精确地计算出来的。

长官发现拿破仑的学问很好，便派他执行一些任务，而他每一次都能够完成得很好，于是又获得新的机会。就这样，拿破仑慢慢地走上了有权势的道路。这时候，情形发生了转变。过去那些嘲笑拿破仑的人都开始围着他，想分享一点他得到的奖励金；那些看不起他的人，现在也都很尊重他。他们全部都成了拿破仑的拥戴者，拿破仑一下子变得很重要。

此后，拿破仑创造了一系列的奇迹：他指挥的50多场战役，只有三场战败，连续五次挫败反法联军，歼灭敌人千万之军。在不到十年的时间里，他征服了大半个欧洲，册封了五个君主，灭了三个国家，他简直成了当时的霸主。

拿破仑之所以成为这样伟大的人物，完全是源于他最初的那个信念：我要比别人强！如果当初拿破仑没有积极的信念作为支撑，他的气场会在同学们的嘲笑、贬低、捉弄面前一点点地被削弱，更无法持续散发出强大的力量，无法取得丰功伟绩，恐怕历史就要被重写了。

就像忍受了宫刑的司马迁依然能够写出不朽的《史记》，就像坐在轮椅上的总统罗斯福依然能够左右世界，他们的生命中虽然被设置了各种障碍，但他们的气场却一直都在，他们的信念推动着他们成功。

信念并不是自然生成的，是可以改变的。信念的转变就是气场转变的开始，也是提升气场的关键点。

将“不可能”变成“一定能”，这就是信念带来的气场。如果你觉得自己的气场还不够，还有待修炼，那就从给自己一个好的信念开始吧！当你内心确定了方向，相信你的整个人就会大为不同！

6. 破局：任何事没有一定之规

尽管有气场的成功者可谓千人千面，但他们都有一个共同点，那就是他们一向不把所谓的金科玉律放在眼里，而且由不得你不信，他们甚至热衷于打破一切传统的陈规戒律，不走寻常路。

1976 年，雅各布·巴尔克斯在美国马萨诸塞州创办了阿德尔化学公司，随后推出了一种通用型的家用清洗剂——莱斯特尔，把生意扩展到了零售市场。与众不同的是，他居然将产品的电视广告时间定在晚上 6 点以前 10 点以后的“垃圾时间”。

当时，阿德尔化学公司的其他人一致表示了反对，建议巴尔克斯选择黄金时间做广告。因为电视宣传主要是由黄金时间的广告节目构成的，只有肯花巨资购买黄金时间，才能取得良好的宣传效果。

但是，巴尔克斯毅然集中财力同公司所在地的霍利约克电视台签订了一个 1 万美元的合同，为期一年，每周 30 段垃圾时间，高密度大做莱斯托尔洗涤剂的广告。他认为，“垃圾时间”不仅广告费用低，而且此段广告量少，更容易引起观众的注意。接着，巴罗斯基又大胆地实行了一个想法，把垃圾时间电视广告大战从点推向面，在曼彻斯特、波特兰、普罗维登斯等一些中型城市里，展开了高密度闪电式的垃圾时间电视广告宣传。

结果，在四年的时间里，巴罗斯基在垃圾时间所做的广告宣传总量遥遥领先于超过了诸如可口可乐等多年雄居广告榜首的大公司，被美国广告界称为“不可思议的电视年”，莱斯特尔家用洗涤剂的销售额爆涨到 2200 万美元，阿德尔化学公司的知名度大大提高，众人不得不佩服巴罗斯基当初的“高见”。

如果固守“广告一定要在黄金时段播出”这一传播业的“金科玉律”，巴尔克斯可能还只是个默默无闻的小老板。不过，他的个性并非如此，他善于打破常规，以占据大量的“垃圾时间”为战略，开拓了一条以少量投入换来大效益的广告播放的创新之路。

试想，一个人不走别人走过的路，另辟蹊径，出奇制胜，他散发出的气场是什么样的？很显然，就算他一句话都没说，你依然会对他刮目相看，进而产生好感和认同，这就是气场吸引力与说服力的体现。

太迷信“金科玉律”、墨守成规、循规蹈矩的人气场是虚弱的，站在人群中他们永远都是不起眼的，甚至很难找到真正的自己，当然也就永远不能产生强大的吸引力，吸引不到幸运和成功。

进一步说，金科玉律是真理吗？是不可改变的吗？显然不是。人类发展到现阶段，在几千年的历史中，太多谎言被揭穿，太多谬论被指正，还有很多所谓的“金科玉律”最终被证实是错误的，所以，打破“金科玉律”是必要，也是必须。

在信息飞速发展，科技日新月异的现代社会，看到别人怎么做，就跟着怎么做，这样即使你做得再好也是第二。那些不给自己设下局限，去创新、去寻找自己出路的人，气场总是积极的、充满新鲜感和爆发力的，无疑成功率也高。

美国艾士隆公司陷入了疲软的经营状态，董事长布希耐非常心烦意乱，便驾车到郊外散步。走到街头时，他看到几个小孩子聚在一起正在玩一只肮脏而且异常丑陋的昆虫，玩得不亦乐乎。

布希耐机敏的头脑产生一股灵感，现在市场上都是芭比娃娃、英俊海军等外表漂亮的玩具，孩子们都已经玩腻了，如果制作一款外表丑陋的玩具，是不是就能重新唤起他们对玩具的喜爱之情了？

想到这里，布希耐马上回到公司，部署公司相关人员研制了好几套“丑陋玩具”，例如外表狰狞的“病球”“粗鲁陋大”，臭得令人作呕的“臭死人”“狗味”“呕吐人”等，并迅速推向了市场。

虽然这些玩具售价超过正常玩具的水准，但出乎人们预料的是，这些玩具问世以后一直畅销不衰，不仅给艾士隆公司带来了丰厚的利润，而且还引发美国掀起了行销“丑陋玩具”的热潮。

“爱美之心人皆有之”，布希耐却偏要制作丑陋的玩具，这听起来的确有些不可思议。但是反其道而行之，未尝不是一种打开商品销路的好方法。布希耐独到的眼光，为自己开创了全新的生活和事业，他的气场也得到了充分体现。

愚者只知道按照惯例继续做下去，智者则要弄明白怎么做最好。即便你现在一无所有，但只要你敢于打破常规，想他人所未想，做他人之所未做，你就有了拥有吸引和征服一切好运的气场，赢得成功也就不是一件难事。

正如美孚石油公司创办人约翰·洛克菲勒所说：“如果你想成功，你应该辟出新路，而不要沿着过去成功的老路走……即使你们把我身上的衣服剥得精光，一个子儿也不剩，然后把我扔在撒哈拉沙漠的中心地带，但只要有两个条件——给我一点时间，并且让一支商队从我身边经过，那要不了多久，我就会成为一个亿万富翁。”

试着打开思维的固定模式吧！学会打破常规，敢于冲破世俗。这一点，不是谁都能够做到的。如果你做到了，你就已经获得了与众不同的能力，同时你的气场也会开始逐渐变强，变得与众不同。

7. 你的世界，只能你作主角

“在人生的舞台上，我经常扮演别人，也扮演自己。”这是多年前出现在电视上的一句广告词。的确，人生有很多角色，但这些角色究竟是别人要你演的，还是你自己决定要演的？或者说，你演的是别人，还是自己？

世界上没有一个人等于你，没有两个人有完全相同的气场，这是个无可争辩的事实。

一个著名的哲学家曾经说过这样一句话：“无论发生什么，我们的价值仍然存在，你的价值并不来源于你的出身还有你的作为，仅仅来源于你自身，你是珍贵而特殊的存在。”

由此可见，从“你”这个字的最终意义来看，你是独创一格的，你有专属于自己的气场，散发出与众不同的磁场，你的世界你是主角。你一定要发现自己内心的力量，才能让自己的气场能量得到最大限度发挥。

可惜，有些人没有认清这一点，总是不自觉地拿自己与别人比较，用他们作为标准来衡量自己的成功。当他们发现自己存在某方面的不足和缺陷的时候，首先想到的不是正视，而是千方百计地遮掩，希望自己变得完美，符合他人的审美和优秀的标准。

事实上，不断地拿自己与他人相比，总想成为第二个谁，只会让自己对自我形象、自信及能力产生负面的认识。换句话说，一个失去了自我个性的人，就像是海上一艘没有方向的船。这样的人，是无法锻造出自信、与众不同的气场的，因为他们是盲目的。更何况，一个人的气场是根本不能通过模仿得来的。

伊丝·欧蕾的妈妈很守旧，她认为伊欧蕾不需要穿多么漂亮的衣服，和自己一样穿得宽松舒适就可以了。所以，欧蕾一直穿着朴素，从没有参加过聚会，也不和其他小朋友一起到户外活动，她一直很怕羞，甚至觉得自己是不被人喜欢的。

后来，欧蕾嫁给了一个比自己年长几岁的男人。婆家是个平稳而自信的家庭，他们的一切优点在她身上似乎都无法找到。欧蕾太太总想尽可能地做得像他们一样好，但她就是做不到，不是表现得太活跃，就是感到无比沮丧。她认定自己是个失败者，变得喜怒无常，甚至想到了自杀……

但是，欧蕾没有自杀，她反倒真的像变了一个人。这一切，都源于她与婆婆一次偶然间的谈话。婆婆谈到她带孩子的经历时，对欧蕾说道："无论发生什么事，我都坚持让他们做自己。"

"坚持做自己"—— 终于，欧蕾太太从困境中明白过来，原来自己一直都在勉强自己去充当一个不大适应的角色。于是，她开始寻找自己的个性，观察自己的特征，注意自己的外表、风度，挑选适合自己的服饰，并试着参加一些小组活动。

过了一段时间，伊丝·欧蕾的身上终于发生了变化，她感到快乐多了，这是她以前做梦也想不到的。此后，她还把这个经验告诉了自己的孩子们：无论发生什么事，你们都要坚持做自己！

欧蕾的转变，实际上就是气场的转变。我们在前面讲到过，存在感产生气场。欧蕾后来的一系列表现，都是强化自我存在感的举动。当她找到存在感时，她的气场就形成了，吸引力自然也就有了。

现在你知道了吧？你就是你，没有人能够代替你，你也无法替代别人。我们每一个人都是地地道道的“主角”。要想打造你的专属气场，你就要每天在意识和潜意识里加强“我是主角”的信念，坚持做自己，强化独特的气场！

坚持做自己，这句话听起来很抽象，实施起来却不难。

站在一面镜子前，观察自己，这时候，你需要放弃完美，放弃“公式化”的标准，转而用自己的标准来看待自己，试着对着镜子里的自己说：“无论我有什么缺陷，我都无条件完全接受，并尽可能喜欢我自己的模样。”学会接受自己的全部，好好地珍爱自己。

承认事实，接受自己，你会觉得轻松很多。久而久之，你就能体会到自己的存在感。只有接受了自我，你才能把握自己，才能构建属于自己的气场，才会真正主宰自己的命运，如此走到哪里你都是主角！

8. 你专注的样子真的很迷人

给你一把神奇的钥匙！这把“神奇之钥”会构成一股无法抗拒的力量，它将打开你的心房，让你进入自己所有潜在能力的宝库，它将打开通往财富之门，打开通往荣誉之门，将使失败者变为胜利者，使悲哀变成快乐。

这把“神奇之钥”是什么呢？专心！所谓专心，就是把意识集中在某个特定的欲望上的行为，并要一直集中到已经找出实现这项欲望的方法，而且成功地将之付诸实际行动为止。

二十世纪八十年代，有一位在国内有一定影响力的花鸟画家，他 16 岁时就举办了个人画展，其多幅作品被选送至日本、意大利、美国、法国、苏联等国展出，被誉为“画童”“小天才”。

一次画展招待会上，有人问画家：“现在的画家很多，你是如何从众人之中脱颖而出的呢？其间的过程是不是很不容易？”

画家微笑着摇摇头，回答：“一点都不难，而且我差一点当不了画家。小时候我兴趣非常广泛，也很要强。画画、游泳、拉手风琴、打篮球，必须都得第一才行。这当然是不可能的，有段时间我很心灰意冷。”

众人凝神倾听，画家接着说：“老师知道后，找来一个漏斗和一捧玉米种子。让我双手放在漏斗下面接着，然后捡起一粒种子投到漏里面，种子便顺着漏斗滑到了我的手里。老师投了十几次，我的手中也就有了十几粒种子。然后，老师一次性抓起满满的一把玉米粒放在漏斗里面，玉米粒相互挤着，竟一粒也没有掉下来。”

顿了顿，画家接着说道：“经老师提点后，我放弃了游泳、篮球等，这大半辈子都只坚持学习画画，这也许就是我画画比较好的原因吧！我想，如果我当初什么都学习的话，可能现在我什么都不是。”

有的人做了一辈子事儿，却没有一件能让人记住的；但有的人一辈子只做了一件事儿，就让人记住了。成功其实不是什么难事儿，最重要的就是你要能够收住心，能专心于一件事情。

有个专一的目标，让自己没有太多私心杂念，把精神状态调到简单而专一的境地，能够让你的气场渐渐得以凝聚，从而帮助你在一个特定的空间居于中心位置，不会被边缘化，这也是成功道路上站稳脚跟的基础。

美国著名的人际关系学大师戴尔·卡耐基、美孚石油公司创办人约翰·洛克菲勒、“中国航空发动机之父”吴大观、“两弹一星”功勋奖章获得者钱学森、世界“杂交水稻之父”袁隆平等人，正是因为倾其所有、专注一件事情，他们的气场才呈现出了闪亮的颜色、魅力四射。

我们的时间有限，精力有限，如果经常被其他诱惑所动摇，经常改换目标，见异思迁或是四面出击，意识总是瞬息万变，就不能打造自己的核心竞争力，气场更难以维持在最佳状态，忽弱忽强，那么结果很有可能让你失望——很容易变得两手空空，不要说成功，恐怕没有一个方面取得让你满意的成绩。

事实上，一个人就算没有学历，没有工作经验，但只要有一项特长，一处与众不同的地方，他的气场也能像一支聚光的手电筒，照到脚下的某一片土地，让他得到社会的承认，拥有其他人不能获得的东西。

有这样一家人，男的是一名普通的中学教师，平时喜欢翻看经济类杂志；女的开着一家礼品店，售卖玩具、饰品以及鲜花等，生意平平；儿子在一所中学读初三，学习也很一般，没有得过一次奖。总之，这一家人都是普通人，过着普通人的日子。

一次，男的偶然看到一篇介绍世界五百强大公司的文章，发现这些大公司几乎无一例外地开着专营店。男的想：是不是心无旁骛地做一件事，更容易成为强者？ 有了这一认识之后，他有些心动了，便开始调查周边的市场。

一天晚上，他对妻子说："以后不要再进玩具、饰品之类的东西了，全进鲜花，有多少品种进多少品种，看看会怎么样。"也许是他发现了天机，也许"从一而终"的做法本身就蕴藏着天机。总之，一家航空母舰式的鲜花店出现了，城里所有做鲜花批发和销售的人，都直奔这家鲜花店而来，男人成了有名的"鲜花大王"。

几年后，男人成绩平平的儿子出国去了美国。很多人以为是他有钱了，送儿子去美国自费留学，实际上是他的儿子要去工作。

男人解释道："儿子高考成绩很差没有考上大学，但是他英语学习得比较好，我便专门给他聘了一名英语老师继续学习。在一次外企招聘中，儿子因英语好被聘用了。"

找一个能充分发挥能力的平台，专注地做好一件事。当你为之努力时，气场神奇的光环就会在你的身上闪动，你总会在一个领域和空间找到自信的感觉，而且不少人会被你这种令人眩晕的魅力所吸引。

还记得"水滴石穿"的故事吗？水本来是世间至柔之物，但是当水专注的时候，再坚硬的石头也会被砸出坑洞来。我们对待自己的梦想和志向时也需要有这样的精神，管好自己的意识闸门，不要让它随意奔流，而是只对着一个方向前进，如此你的气场也就会在悄然间蔓延开来……

9. 饥渴的探索者绝不会黯淡

"这是什么？""那是什么？""为什么"……小时候，当看到一个新鲜事物的时候，我们经常会不由自主地问这问那。但长大了，我们的疑问就开始变得少得可怜，这也许是我们对事物的认识多了，也许是觉得这些疑问太幼稚，再也许是我们根本就没有想过这些问题，但总归这是缺乏好奇心的表现。

可能你会质疑：好奇心没了就没了，有什么要紧？

在这里，我们先解释一下好奇心的含义。好奇心，即人们面对感觉新奇的对象时激发出来的惊讶、激动的情感，是对未接触过的对象产生的一种新鲜感和惊奇感。好奇心的本质是为了获得精神上和物质上的满足感，而促使自己去探索的一种心理。

一个好奇心强的人，总是瞪着敏锐的眼睛，带着求知的饥渴，视察着周围世界的一切事物，他们接受新事物的速度较快，想象力丰富，创造力也超强，能够长时间地保持生机勃勃、积极向上的精神状态，从他们身上辐射出的精神磁场以及非常强烈的气场，几乎能够让人情不自禁地被吸引。

每一位新职员到公司后，总经理都会再三叮嘱他们："谁也不要走进八楼那个没挂门牌的房间。"每招来一批新员工，总经理宣布一次这一规定。有个年轻人小声地问"为什么？"总经理一脸严肃地回答："不为什么。"

年轻人总是有些好奇于总经理的叮嘱，同事劝他只管干好自己的工作，别的不用瞎操心，听总经理的没错。可年轻人实在按捺不住好奇心，他悄悄地走到了八楼，非要走进那个房间看看。他轻轻地叩门，没人应答。后来，他鼓足勇气推门进去，里面空荡荡的，房间里只摆着一张桌子，桌子上放着一张纸牌，上面写着"请把纸牌送给总经理"几个字。

年轻人很失望，但既然做了就做到底，他拿起沾了许多灰尘的纸牌，走出房间。当他将纸牌交给总经理后，总经理不但没有解雇他，反而一脸笑意地宣布了一项让人震惊的任命：“从现在起，你被任命为销售部经理。”

“销售是最需要开拓性的工作，只有有足够好奇心的人才能胜任，我等这样一个人等了很久了。”总经理给了大家这样一个解释。后来，年轻人果然没有让总经理失望，把销售部的工作搞得红红火火。

好奇心是人探索精神的一种体现，它能够指引我们从平淡中看出新异，在普通中听出奥妙，这是我们创新的源泉，是我们最佳的气场“保健品”，也是我们改变自己、改变世界的力量之源。

好奇心是最宝贵的，那些成功的人总是保持着自己的好奇心，无论见到什么事物，也无论是新的还是旧的，他们都会努力地思考，直到没有疑问为止。如同大多数的成功者那样，胡润事业的开端也是最单纯的好奇。

从英国杜伦大学中文系毕业后，英国人胡润来到上海的安达信会计师事务所工作。由于之前曾留学中国人民大学，胡润发现离开了 8 年时间的中国有了很大的变化，他很好奇这些变化的背后隐藏着的中国故事到底是什么。

1999 年，为了满足自己的好奇心，胡润查阅了 100 多份报纸杂志及上市公司的公告报表，在朋友的帮助下与中国 40 多位富豪取得了电话联系，并直接采访了其中的7位。经历了几个月的折腾后，他排出了中国历史上第一份和国际接轨的财富排行榜。

随后，胡润将“中国内地富豪榜”传真给美国《福布斯》杂志，其内容受到该杂志的关注。2000年，在《福布斯》杂志的财力支持下，中文刊发的“中国内地富豪榜”让胡润一举成名，并领先姚明、邵逸夫，当选中国“2002年度新锐人物”。

胡润并没有像一般人那样麻木于中国8年之间的变化，他好奇中国经济变化背后的情感和力量，于是展开了对中国内地企业家们的调查和访问，得以做出与众不同的成就，从而促使自己的气场由暗淡变得光芒四射，从小人物变成大人物。

看到这里，也许有人会问了：“我已经将好奇心弄丢了，不知道应该好奇什么，怎么办？”其实，好奇之心是人的天性，人皆有之。就算你现在缺失了，我们还是可以重新找回它的。

美国成功学家文森特·赖安·拉吉罗在《思考的艺术》一书里教给了我们重获好奇心的6个技巧：

（1）观察力要敏锐，要敏锐地观察别人和自己；

（2）寻找事物的缺点，不把不满看成麻烦，而是想着怎样才能改善情况，怎样积极地看待问题；

（3）寻找原因，思考事物为何会变成现在的样子，它们是如何运作的；

（4）对内含问题要敏感；

（5）意识到争议中的机会，抓住争议中真正的机会；

（6）把握冒险的机会、探索新见解的机会、增进自己对相关领域了解的机会。

抱有好奇之心吧，让自己的视野变得更广阔，内心更充实，幻想力、创造力更丰富，如此你的气场就能获得源源不断的“氧气”供给，从而从整体面貌上获得更积极向上，更有吸引力和号召力的气场能量。

10. 蜕变！在自我挑战中不断进阶

杰克和同胞弟弟洛克都是船员，他们从 18 岁开始就做水手了，然而十几年里，洛克由水手升到水手长、大副，再到另一艘船做船长时，杰克还只是船上的一名普通水手，一生碌碌无为，为什么呢？

当初，洛克向哥哥提议想做一名船长，或者干点别的事发点小财。杰克一听，马上就会跳起来说：“你快醒醒吧，要知道我们的祖父、父亲都是水手，我们怎么可能当船长呢？你也是，老老实实地干活才是最重要的。”在潜意识里，杰克一直认为自己只是一名当水手的料。

与之不同，洛克对自己的状况极度不满，他不甘心于一辈子就这样下去，他认为虽然祖父、父亲都是水手，但是并不代表自己也只能做水手。这种挑战自己的意愿，转化为了追求新生活的行动。只要一有时间他就培养自己船长的素质和能力。待老船长退休时，洛克被推上了船长之位，当然他也不负众望。

如果问一些人，最近过得怎样时，他们的回答几乎都是千篇一律："没有什么变化，混口饭吃""能怎样啊，还是小职员一个"……为什么他们总是如此说呢？那是因为他们缺少自我挑战，自我突破的想法，就像事例中的杰克一样，不敢去改变和提高自己，总是以为安于现状即是福。

殊不知，安于现状，不敢向自己挑战，是对自我潜能画地为牢，会束缚一个人的意识和能力。这种懦夫一样的所作所为，只会大大减弱气场，使自己无限的潜能化为有限的成就，再过十年也是停留在原地，无法前进。

一个人的思想高度决定一个人的人生高度，正如莎士比亚剧本里的一句台词："亲爱的布鲁图，其实真正该责备的并非宿命，而是我们自己，是我们自己决定了我们只会是微不足道的人。"有了挑战自己的愿望，气场理论和吸引力法则会同时发挥效用，指给你通往这个目标的道路，你才可能有所成就。

当我们回顾历史，便会发现那些伟大的人物之所以能够取得惊人的巨大成就，乃是他们对自己提出了超出一般人的期许，不断地挑战自我，挑战自己的极限，从而不断地完善、提高了自己。

吉米是一个身材矮小的男孩子，在别人看来他不是赛车手的料。但是吉米可不这么认为，他不停地为之努力，只要有赛车比赛他就去参加。虽然每次他都得不到什么好名次，收入也不多，但他从不泄气，他相信只要不断努力自己就能成为一名优秀的赛车手。

谁知道，在加州的一次赛车比赛中，吉米前面的两辆车突然发生了碰撞，尽管吉米极力躲避它们，但因为车速太快，他撞在了道旁的墙壁上，赛车整个燃烧了起来。等被医务人员救出来时，吉米的手已经被烧焦了，他的鼻子也没了，体表烧伤面积达到了40%，医生做了七个多小时的手术才保住了他的命。虽然活了下来，但他的手已经萎缩得像个鸡爪，医生告诉他，他再也不能开车了。

医生的话没有让吉米放弃自己，他不断地接受植皮手术，每天练习用手指的残余部分抓东西，这种练习让他痛得眼泪往外冒，但吉米一直坚持着。做完最后一次手术后，吉米回到了自家的农场，他每天开推土机，试图用这样的方法给自己的手掌磨出茧子，然后继续开车。

终于，十个月后的一天，吉米重新回到了赛场，他的手居然已经能开车了。在那次比赛中，他因车子在半途中坏了而没有获胜。不过，在随后的一次二百英里的汽车比赛中，他得了亚军。

又过了三个月，吉米又要参加一场比赛，比赛地点正是他上次出事的加州。赛前，许多朋友劝说吉米放弃，毕竟上次惨痛的遭遇会影响人的情绪，容易出现危险。吉米笑笑说："既然上次我是在那儿倒下的，这次就要在那儿站起来，否则我就永远走不出那个阴影。"这一次，他得了冠军。

吉米敢于挑战自己极限的行为，充满了强烈的气场，最终给他引来了好运。如果没有挑战自己的强烈愿望，把自己看得过于平庸，别说是烧伤和残疾，就连别人的否定，也足以将吉米打倒。

事实上，我们不只是自我设限，同时我们还活在别人对我们的评价中。我们经常会听人告诉自己"你就那样了"，这些声音可能源于我们的上司、父母、师长，也可能是来自我们比较亲近的同学、朋友。虽然他们并没有恶意，说的也可能是实情，甚至可能是善意，但是我们一定不要被他们的评价限制住，否则就只能原地踏步，无法前进一步了。

人生有多大的成功，我们谁也不知道，谁也不能提早下结论。我们必须挣脱自我设限的窠臼，跳出我们自己或者其他人设下的条条框框，不断地挑战自己，展现一个全新的自己，迈向一个更好的自己，这是一种顽强不屈、无以摧毁的力量，也是一股强烈而充满斗志的气场，相信你将会变得越来越完美、越来越闪亮！

起初，只有自考专科毕业的她不过是IBM公司的"行政专员"，这种工作与每天打杂无异，什么都干。她不但要负责打扫办公室的卫生，还要负责给人端茶倒水，几乎没有人注意她。

一次，因为没有戴工作证，公司的保安把她挡在了门外，不让她进去。她声称自己的确是公司的员工，是因为要给公司买办公用品走得匆忙，才把工作证丢在办公室里了，但不管她怎么说，保安都不理会。

她委屈地站在公司门口，却惊异地看到一些与自己年纪相仿，穿着职业装的白领们进入公司的大门，他们是那么随意，有的也没有佩戴工作证，而保安却不闻不问。她便问保安："刚刚进去的那几个人也没有戴工作证，你为什么让他们进去？"得到的回答却是："你赶紧走，就是不让你进，你和人家不一样！"

她感觉自己的自尊心被人当众踩在脚下。她看着自己寒酸的衣装、老土的打扮，再看看那些衣着整洁、气质不凡的白领们，她在心里发誓："我要努力缩小与这些人的差距，今天我以 IBM 为荣，我要通过自己的努力，让 IBM 也以我为荣！"

此后，她利用所有的闲暇时间来充实自己。由于什么都要从头学起，她每天都是第一个来公司，最后一个离开，还常常熬夜到两三点。很快她成了一名业务代表，而后通过几年的认真学习和实践锻炼，她的工作能力越来越突出，被任命为 IBM 公司的中国区总经理，被人誉为"打工皇后"，她就是吴士宏。

吴士宏虽然学历低、经验少，但她不安于现状，懂得不断挑战自己，努力克服自身的弱项和不足，克服自己能力上的薄弱环节，从而依靠自己的力量改变了气场，改变了命运，走上了成功之路。

在这个平等的社会中，没有人生来就拥有一切，也没有人不能够拥有一切。关键是你是否敢于挑战自己，完善自己，努力使自己能够达到更高的目标。相信那个时候，你走到哪里都不会有人把你拒之门外。

11. 魅力重塑：你的形象价值千万

人类是视觉动物，无论是男人还是女人总是容易对美的事物或人产生好感。科学研究也指出，“以貌取人，是人类的天性。”不要不相信！这是铁一般的事实，是无法改变的人类脑部皮下组织的自然运作反应。

有位华裔投资商曾说：“我无论如何也不会把信任给予那个穿着旅游鞋、牛仔裤，头发像干草一样，说话结结巴巴的小伙子。他从穿着到个人素养都无法让我相信他是个懂得处理商务的领导人。”

皮克·菲尔在《气场》一书中曾提到过，“不管是出席会议，还是参加普通交际活动、酒会、商务会谈，都要将自己认真地收拾一番，换一身最合适的衣服，以最贴切的形象出场，这是我们都必须做的功课。”

因此，如果你渴望得到他人的关注，渴望让自己变成一个气场强大的人，那么从现在开始，你必须在内心燃烧起对美丽的深切渴望，必须抛开过去固有的观念，精心投资于自己的外在形象，来一场美丽蜕变。

个人形象真的有这么玄妙吗？我们来看看化妆品业的“大姐大”艾斯蒂·劳达的一个小故事，她是最成功地改变自己形象的典范。

艾斯蒂·劳达出身贫寒，没有受过太多教育。起初，她不过是帮助叔叔推销他所制作的护肤膏，可如今她却是世界化妆品的女王，拥有几十亿美元的化妆品王国。艾斯蒂是依靠什么取得今天的成就呢？很简单——形象。

那时候，艾斯蒂每天走街串巷，仅仅希望多卖出一些产品，但效果不是很理想。她想，是不是因为自己卖的东西档次不够？于是，她将产品定位于高档次上，可结果还是一样。当她第N次遭到客户的拒绝后，她终于忍不住问对方：“您为什么拒绝购买我的产品呢？是我的推销技巧有问题吗？”

客户的回答让艾斯蒂铭记一生：“你的销售技巧很打动人心，而且你的态度非常殷勤，但是你的形象不好。你的形象告诉我，你根本就是一个低档次的人。这让我如何相信你的产品是高档次的？”

知道了自己失败的原因后，艾斯蒂并不难过，她决定重新改造和包装自己：她模仿名门贵妇，无论是穿着打扮还是举止投足，都与她们不相上下；此外，她还注重培养自己的自信，让整个人看上去魅力四射。果然，艾斯蒂的产品销量越来越好，此后好得一发不可收拾，最终帮她建立了自己的化妆品王国。

艾斯蒂经过包装，从一个“低档次”的人摇身一变成了贵妇的代言。看见了吧，个人形象太重要了！一旦你的外表、穿着打扮给人深刻而良好的印象，许多好的东西自然就会来到你身边，就好像被你的气场吸引过来一样。

在这里还有一个专业的调查：人力银行在连续三年所做的职场专业度调查里发现了一组有趣的数据：一般人评价他人的依据55%来自外表，38%是相处方式，只有7%是对方的能力。如此看来，即便你再有才华，再有上进心，但缺乏美感与品味，也会成为你在职场或是一些重要场合上的阻碍。

其实，在企业选择或是提拔职员的时候，我们也不难发现，那些在形象上出色而且给人看上去值得信任的人，往往更容易成功。承认吧！外部形象是一个人个人魅力和气场的表现，能够对他人施加影响力。

当然，我们并不是鼓励大家做“花瓶”，而是重在强调你以最贴切的形象出场，穿着最贴切的衣服，要与本身的气质相符，因为这是凝聚气场必须要做的。当你穿出自我的风格时，你也就从外到内地影响了自己，气场就与众不同，令人印象深刻。

英国历史上第一位女首相撒切尔夫人，对别人的衣着毫不介意，唯独对自己的衣着要求十分苛刻。无论是服饰搭配还是化妆，她都极其考究。看到撒切尔夫人，你感受不到珠光宝气和雍容华贵，但却能够被另一种魅力所吸引，那就是整洁、淡雅和朴素。

每个星期五下午，撒切尔夫人去参加政治活动时，都会戴上一顶老式小帽，身穿黑色礼服，脚蹬老式皮鞋，腋下夹着一只手提包，显得持重老练。她从没有穿过标新立异的衣服，哗众取宠。

尽管有人笑话她打扮得过于深沉老气，但她却有自己独到的见解：这样的打扮能在政治活动中取得别人的信任，建立威信。她的衣服从不打皱，让人觉得井井有条是她一贯的作风。

一位政治领导人的气场，必须是稳重而成熟的，他的衣着也应该是整洁和干练的。撒切尔夫人的装扮与本身的气质相符，更与自己的职业形象相符，有属于自己的个性，从而传达出了她的气场。

不要再怀疑了，形象好的人就是比较受欢迎，因为形象能够影响一个人的气场。从现在开始，重视自己的形象！在穿衣戴帽之前，学会挑选最适合自己的，穿出“自己”，穿出“职业”和“身份”，别让自己的气场输在了穿着上。

CHAPTER/08

传导：没有人能够拒绝你的感召力

居于人群中时，人人都想发挥磁场效应，都希望增添自己的吸引力或者成为众人眼中的焦点。说实话，这方面并没有什么速成教材，而完全取决于你长期积累的人际关系经验、交往能力、幽默感以及驾驭语言的能力。

1. 丈夫一言许人，千金不易

“人而无信，不知其可也”，一个人正直与否，最重要的体现就是言出必行，说到做到。言出必行，说到做到，即要把自己的诺言付诸行动，说老实话，干老实事。这是判断一个人是否值得信赖的标准。

言而无信，说了不算，失去的不只是他人的信赖，还会严重削弱一个人的气场，导致自身的影响力越来越小，给人留下“没劲”“虚伪”的坏印象，别说受人支持和拥护，恐怕声望和威信都会扫地。

渡河时，一个富翁把自己的船弄翻了，掉进了河水中，他抓住水中的浮草，哀号：“救命”“救命”。这时，一个渔翁经过，富翁急忙吼叫道：“我是这里有名的富翁，你如果救了我，我给你 50 两银子。”

可是，当渔翁真的把富翁救上了陆地后，富翁却只给了 5 两银子。

“当初你答应给我 50 两银子，如今却只给了 5 两银子，这岂不是不讲信用吗？” 渔翁看着手中的银子，不解地问道。

听了渔翁的话，富翁勃然大怒：“你是个打鱼的，一天的收入能有多少？今天一下子就得到 5 两银子，你还不满足吗？”

渔翁摇了摇头，失望地离去了。

结果又有一天，富翁的船碰到了石礁，又淹没在水中，他在水里哀号求救。那个渔翁正好又经过那里，他将船摇了过去。结果一看是富翁，便又将船摇了回来，停在了岸边。

有人欲救，渔翁摇摇头说：“这就是那个答应给 50 两银子却给了我5两银子的富翁。一个人如果言而无信的话，救了也是白救。”于是，富翁淹死了。

富翁两次翻船而遇同一个渔夫是偶然的，但富翁的不得好报却是在意料之中的。因为一个人若不守信，便会失去别人对他的信任。所以，一旦他处于困境，便没有人再愿意出手相救，一旦遭难只有坐以待毙。

给予承诺却不予兑现的影响是如此的糟糕，因为它不仅说明了你的无能——敢于承诺却办不到就是无能，更揭示了一种负面的人格。它使你难于立足，所以即便是玩笑话也绝不能犯此大忌。如果遇到特殊情况确实无法兑现承诺时，你一定要说明你的情况，你的诚恳，能将不良影响降到最低。

摩根一直想做番大事业，1835年，他等来了这个机会。一家名叫“伊特纳火灾”的小保险公司宣称，不用马上拿出现金、只需在股东名册上签上名字就能成为股东。这非常符合摩根没有现金但却能获益的设想。然而，就在摩根成为股东后不久，一家在伊特纳火灾保险公司投保的客户发生了火灾。按照规定，如果完全付清赔偿金，保险公司就会破产。股东们一个个惊慌失措，纷纷要求退股。

摩根斟酌再三，认为诚信比金钱更重要。于是，他四处筹款并卖掉了自己的住房，低价收购了所有要求退股的股东们的股票。然后将赔偿金如数付给了那位已投保的客户。

这件事过后，伊特纳火灾保险公司成了信誉的代名词。但摩根已经身无分文了，虽然成了保险公司的所有者，可这家公司已经濒临破产。无奈之中，摩根打出广告，凡是再到伊特纳火灾保险公司投保的客户，保险金一律加倍收取。

很多人，包括摩根自己，以为涨价后维护客户源将是一个非常艰难的过程。不料客户很快蜂拥而至。原来在很多人的心目中，伊特纳火灾保险公司是最讲信誉的保险公司，这一点使它比许多有名的大保险公司更受欢迎。伊特纳火灾保险公司从此崛起了。

摩根公司之所以能够崛起，并被称为“华尔街的主宰”，是因为有比金钱更有价值的“言出必行，说到做到”的信誉。摩根用自己的实际行动，完美地彰显了由内到外的气场，赢得了顾客的信赖和支持。

不论在生活上或是工作上，言出必行，说到做到的人总是能很容易地获得别人的信任，还有什么比别人都信任你更宝贵的呢？有多少人信任你，你就拥有多大的影响力和吸引力，也就拥有多少次成功的机会，这是任何一个渴望成功的人必备的。如果是领导者，那就更该如此了。领导本身代表的就是一种权威，少说漂亮话，多做实际事，能够显示出高尚的人格魅力，是提升气场和声望的重要准则。

要做到“言而有信”主要须把握三点：一是出言要慎；二是努力信守；三是讲究道德。出言要慎，是承诺时要考虑可行性，谨慎承诺方可兑现；努力信守，讲的是已经承诺就要不惜代价去维护承诺，做到承诺；讲究道德，就是要人不做坑、蒙、拐、骗之事。

一言蔽之，一个人的信用越好，气场就越有气势，就越能成功地打开局面。能不能成功，就看你自己怎么做了。

2. 实力，才是折服人的硬道理

在一片茂密的森林里，生活着大大小小许多动物，勇猛的老虎是这个动物王国的大王。有一次，老虎有事情要急出远门，便将森林里的大小事务交给了相士狐狸。

老虎走后，狐狸感觉自己是大王了，身份和地位应该与其他动物不一样。它揣摩威风凛凛的老虎的心理，模仿它的神态和举止，提高嗓门，尽量让自己显得威严、庄重。

没过多久，这只聪明的狐狸还真的把老虎的一切模仿得惟妙惟肖，原来和它一起玩耍的伙伴，似乎对它也十分敬重了，狐狸的威严逐渐稳固了，它得意忘形地说："做大王真是很不错。"

可是，这种威严的日子，没过几天就结束了。原来，王国里一头野猪把一只小松鼠给欺负了。小松鼠打不过野猪，只好跑到狐狸面前哭诉，希望狐狸给自己做主。可是，当野猪怒目圆睁、气势汹汹地走过来时，狐狸居然吓得瑟瑟发抖，全然没有了以前神气的神态和举止。最后，小松鼠悻悻地回家了。动物们把这一切都看在眼里，对狐狸的做法感到很是失望。

幸好第二天老虎办完事情打道回府了，狐狸把大王的位子还了回去，并把野猪欺负小松鼠的事情告诉了老虎。老虎一声长啸，把野猪叫来严厉地批评了一通，并让野猪向小松鼠道了歉，其他的动物都拍手叫好。

后来，很多同伴都逐渐疏远狐狸，狐狸痛苦地对喜鹊说："你们为什么就不能像敬重老虎一样敬重我呢？我也是做过大王的啊！"

"可惜你没有老虎的实力，没有力量来保护我们，你要看清楚这个事实。"喜鹊回答道。

看看狐狸，它根本就没有保护其他动物的本领和实力，怎么能够像老虎那样享受其他动物的敬重呢？将这则寓言中的道理运用到我们的生活中，就可以明白这样一个道理：一个人气场的大小，很大程度上取决于其实际本领的大小。一个人越有实力，就越有折服他人的气场。

的确，一个人为了能够在社会上生存下来，首先要学习和掌握一门过硬的技术和本领，没有它你是不可能很好地在社会上生存下来的。有了过硬的实际本领，就说明你有了生存的实力，实力是一个人事业的基础，也是气场存在的台基。

所以，做人就必须要一步一个脚印，扎扎实实打基础，踏踏实实地提高自己的能力和层次。只有实力强大了，你的气场才能够强大起来，你才能无论在哪个地方都光芒四射！

有一个武术运动员，他从小开始学习武术，练成了一身的好功夫。在一次武术比赛中，运动员一路过关斩将，最后杀到了决赛。他对自己充满了信心，但结果却是大败而归。

比赛结束后，运动员很郁闷地问师傅为什么会这样。师父没有直接回答他的问题，而是在地上画了一条线，要他在不能擦掉这条线的情况下，设法让这条线变短，运动员百思不得其解。

这时，师父又在原来那条线的旁边，画了一条更长的线，原来的那条线一下子就变短了。师父说："取胜的关键，不仅仅在于如何攻击对方的弱点，更多的是让自己变得更强，能够让对方在相比之下变弱，正如地上的长短线一样。如何把自己变得更强，需要的是更多的苦练。”

运动员恍然大悟：“师傅我明白了，没有一个冠军是轻而易举得来的，我需要让自己更强大。”

的确，当你的气场微弱无力之时，我们实在是不应该花费太多的时间和眼泪在抱怨、郁闷等不值得费工夫的事情上，而是应该认真地想一想，如果自己是一个实力派的人，结果会怎么样呢？

俗话说“要吃樱桃先栽树”“一分耕耘一分收获”，任何事情要想收获就要先付出。真才实干也是一样。它绝不是口头上说说就能轻易得到的，需要我们在成长过程中付出得比别人更多。

3. 欣赏别人，更是一种气度

马克·吐温曾经夸张地说：“只凭一句赞美的话，我就可以多活两个月。”赞美，是对对方优良品质、能力和行为的一种语言肯定，没有一个人不渴望得到别人的赞赏和鼓励，因为有了赞赏和鼓励，人们可以发展得更好，这就是赞美的强大力量！

美国纽约历史上的第一任黑人州长罗杰·罗尔斯出生在纽约的一个叫作大沙头的贫民窟，在他小的时候，正是美国嬉皮士流行的时代，他跟当地所有的孩子一样顽皮，逃课、打架、斗殴，整天无所事事，令人头疼。

幸运的是，罗尔斯当时所在的小学来了一位新的校长叫皮尔·保罗，有一次罗尔斯正在班里做恶作剧时，出乎意料地听到皮尔·保罗校长对他说："我一看就知道，你将来会成为纽约州的州长。"

从此，罗尔斯记下了这句话。"纽约州州长"就像一面旗帜，带给他信念，指引他成长。四十多年后，在他 51 岁那年，他真的成了纽约州州长，而且是纽约历史上的第一位黑人州长。

因为得到了校长的赞美，顽童罗尔斯一改原来无所事事的生活状态，不断努力地提高自己，最终出人意料地实现了校长"你将来是纽约州的州长"的预言。如果没有这位老师的赞美，罗尔斯绝不可能取得日后的成功。

我们人人都希望得到赞美，也需要学会去赞美别人。适时的赞美，就像最有效的"糖衣炮弹"，可以快速地让别人产生优越感，既能够炸开对方的防御堡垒，又能给自己的气场加分。

王辉是某建筑公司的拆迁办主任，他们承包了本市拆旧盖新的一个大工程。但是，在拆迁工作中，却遇到了麻烦——一家难缠的钉子户使拆迁工作不得不停下。这是一套近百年的四合院，住着一名曾参加过抗美援朝的老军人。老军人之所以不肯搬家，是因为这套四合院是在他光荣离休后政府赠予他的，他认为如果同意拆迁就是对党和国家的不忠诚。

了解了基本情况后，王辉亲自拜访了这位老人。敲门之后，老军人从里面出来了，他一看是陌生人，便用不客气的语气说道："你是来劝我搬走的吧？我看你还是别白费心机了，我就是死也要死在这儿！"说罢就要关门。

见此情况，王辉立即说："老先生，我看你是误会了。我的确是建筑公司的拆迁人员，但是我今天来不是劝您搬走的，我是听说您曾经参加过抗美援朝，我很崇拜您，我就想过来看看您，和您聊聊天。"

听王辉这么一说，老先生关门的动作停住了，他端详了王辉一番后，转身往院子里走去。于是，王辉顺势跟了进去。

进入老人书房后，王辉看见墙上都是老人身穿军装的照片，他不由得说道："您老年轻时一定是名强悍的军人。因为我在您身上仿佛见到了当年您奋勇杀敌的勇猛和果断。"老人没有做声，面色温和了许多。

"这房子是政府赠予您的，相当于是您拼搏了半辈子的见证，我了解您比谁都对这房子有感情"，顿了顿，王辉继续说道，"您的奖章这么多，可见您给国家做的贡献特别多。而这其中的辛酸不易，我想只有您自己体会得最深了，您能给我讲一讲吗？"

两人聊了将近半小时，王辉起身说道："老先生，您真是一个阅历丰富的人，我和您聊天真是一件愉快的事情，今天我已经打扰您这么久了，我先走了。”说完他就走出了屋子，往大门外走去。

这时，老人在背后向王辉喊道：“明天过来时，你把拆迁的公文带来，让我好好瞅瞅。”王辉内心里的大石头终于落了地，老人要看公文，证明拆迁的事情有戏了。

王辉以真诚的话语赞美了老军人英勇杀敌的战斗精神，深切地表达了对老军人的敬意。王辉身上所散发出来的这种友好、热情的气场，使对方由紧张、戒备到轻松、愉快，进而对王辉产生了亲切感，这就为接下来的交流做了一个良好的铺垫。

无论是谁，他都不会拒绝别人从一个倾听者的角色来赞美自己。当他在你的赞美声中流露出满足的笑容，发现自己的长处和优势，感到自己很重要时，你的气场实际上已经在他的眼中放大了，从而激发了对方与自己交往的热情。

赞美别人，是尊重别人、示好别人的一种表达方式，也是建立良好的人际关系的重要方法。所以，平日里我们要尽可能多地留意别人的优点和价值，并且在合适的时候把这种赞美说出来。

赞美的诗歌唱不完，只要你适时而确切地发出了真诚的肯定，你就会得到接受你赞美的人的直接、友好的回馈。哪怕有时你的赞美是没有任何利益目的的，你也会给别人留下好的回忆，并在未来的某一时刻因此而受益。

4. 头狼素养：做好榜样就有威望

最糟糕的气场莫过于这样：人前说得唾沫横飞，讲得振振有词，可是私底下却把自己“出卖”了，自己的行动与自己当初说的大相径庭，要求别人做的事情，自己从来没有身体力行地做过，可谓是说一套做一套。慢慢地，这种人的气场就变了，带着一点虚伪的味道，让人渐生反感。

如果你渴望自己能够服众，树立“领导”般的威望，那么你的内外气场就该是一致的。你一定要严格地要求自己，只有自己做好了，你才有鼓动性和号召力，别人才能心甘情愿地“服”你。

一次，曹操亲自率军去打仗，他骑在马背上望着金黄色的麦田，心情大好。突然间路旁草丛里飞出几只野鸡，毫无防备的马受到了惊吓，嘶叫着狂奔起来，带着曹操跑进了附近的麦田里。等到曹操勒住了惊马时，地里的麦子已经被踩倒了一大片。

看到眼前的一切，曹操叫来执法官，认真地说：“今天，我的马破坏了庄稼。这违反了军纪，你按照军法给我治罪吧！”

按照军纪破坏庄稼可是死罪，执法官有些为难，这可怎么治罪呀？想了一会儿之后，他对曹操说：“依照古制刑不上大夫，所以您不必领罪。”

曹操说：“这怎么能行呢？如果大夫以上的高官犯了罪都可以不治罪，那么法令还有什么用呢？何况，这条军令是我下的。

如果我都不执行，那么今后如何让将士们执行呢？”

执法官迟疑了一下说：“丞相，您的马是因为受到了惊吓，所以才冲进了田地。这不是您故意要糟蹋庄稼的，所以……”

“不行！军令如山，不管是故意还是无意，如果大家违反了军纪，都找借口为自己开脱，那军令就成了摆设。每个人都得遵守军纪，我也不例外。”曹操反驳道。

执法官有些不知所措了，他想了半天说道：“您是全军的主帅，如果真的治罪，那么谁来指挥打仗呢？况且，朝廷需要丞相，百姓也需要您啊！”众将领听到执法官这样说道，也都纷纷上前哀求，请求曹操不要处罚自己。

见此情形，曹操沉思了一会儿，说：“我是主帅，治死罪虽然有些不适宜，但我也是触犯了军纪，还是要按军令从事。现在，我就用头发来代替脑袋吧！”说完，便用宝剑割下了自己的一把头发。

曹操能够如此坚决地执行军令，不为自己开脱，这种以身作则的行为，本身就是一种强大的影响力。在这种气场的作用下，下属也必将会踏实地服从命令。很显然以身作则是最好的“服众”武器。

的确，这就是气场的感染力。要想让别人跟着你转，你就必须严格地要求自己，敢为人先。更何况，己欲立而立人，己欲达而达人。只有自己愿意做的事，才能要求别人也去做；只有自己能够做到的事，才能要求别人也去做到。

别忘了，无论是积极的还是消极的气场，都有传染的作用。如果你不能够以身作则，自己的气场不够积极，就无法让周围的气场都变得活跃起来，那么后面跟着你的那些人，也一定会畏首畏尾，踌躇不前。

美国全国疾病研究中心教授L·杜嘉说："你的下属一看你的行动，便明白你对他们的要求。"属下看领导的什么？属下看领导如何说，更重要的是看领导怎么做。俗话说"上梁不正下梁歪"，做领导的念歪了经，做歪了事，属下很可能会以歪就歪。

以身作则是无声无形的，却是最能够凝聚人心、化解矛盾、鼓舞士气、催人奋进的力量，尤其对于上级来说它至关重要。它的实际影响效果如何，相信你一定可以感受得到。

要锻造你的影响力，建立良好的模范形象，敛聚服众的声望，就要让别人跟着你转，就要能吸引人家，而且比别人要转得更快。因此，别再空谈了，赶快从以身作则开始吧！

5. 学会幽默，全世界都喜欢你

大家都有这样的体会：和幽默风趣的人相处，你会觉得非常轻松愉快，气氛融洽，更愿意和他打交道；而见了一本正经，不苟言笑，缺乏幽默感的人，你往往会感到压抑沉重，不自觉地敬而远之。

在现代社会的人际交往中，交往的程度依双方相互间的吸引力而定。幽默具有很强的感染力和吸引力，这种气场能迅速打开别人的心灵之门，并且让他人对你印象深刻，提升你在他人心目中的地位。

美国小说家马克·吐温的幽默感同他的小说一样享有盛名。有一次，他因事去某个小城，临行前有朋友告诉他，那里的蚊子特别厉害。

到了那个小城，正当马克·吐温在旅店登记房间时，一只蚊子在他眼前一直盘旋着。店员面露尴尬之色，忙驱赶蚊子。马克·吐温却满不在乎地对职员说："贵地的蚊子比传说中的不知聪明多少倍，它竟会预先看好我的房间号码，以便夜晚光顾，饱餐一顿。"大家听了不禁哈哈大笑。

结果，这一夜马克·吐温睡得十分香甜，没有遭到一只蚊子的"袭击"。原来，这晚旅馆职员一齐出动驱赶蚊子，想方设法不让这位博得众人喜爱的作家被"聪明的蚊子"叮咬。

一个人的语言可以像优美的歌曲，也可以像伤人的利剑。幽默机智的话，能使人产生喜悦满足之感，使人气质非凡、魅力独具，令人久久难忘。可以这样说，你要想增强气场，更加吸引别人的眼球，幽默感至关重要。

美国学者特鲁说过："幽默是一种能力，一种了解并表达幽默的能力；幽默力量是一种艺术，一种运用幽默和幽默感来增进你与他人的关系，并改善你对自己作真诚评价的一种艺术。"

在日常生活中，我们经常会碰到意想不到的尴尬局面，有些是出于自身的错误，有些则是由于他人的过失。但只要注意使用恰如其分的幽默，就不仅可以轻松摆脱尴尬，而且能够树立自己的形象，增加自己的人格魅力和吸引力。

世界著名的文学家萧伯纳是一个地道的英国人，他完美继承了英国传统的绅士风度，而他的绅士风度很大程度体现在他的幽默感上。他诗意般的幽默故事，被后世传诵甚广，津津乐道。

有一天，萧伯纳在街上行走，一个骑自行车的冒失鬼把他撞倒在地，幸好没人受伤，只是把衣服刮破一点，虚惊了一场。骑车的人急忙扶起他，连连道歉，可是萧伯纳却惋惜地说："你的运气不佳，先生，你如果把我撞死了，你就可以名扬四海了！"

萧伯纳本人又高又瘦，总是充当被戏耍的对象。在一次宴会上，一个腰肥体壮的商人挖苦他说："萧伯纳先生，我一见到你，就知道世界上正在闹饥荒！"萧伯纳微微一笑，冷静地回敬说："先生，看到你，我就知道世界上正在闹饥荒的原因了。"

在如此尴尬的场合与别人争论，或表示不满、失望，将会令双方处于对立的状态。而对立的结果，会给双方带来难堪。而萧伯纳一次次的幽默，把双方从紧张的、不愉快的窘境中解放出来，不仅使自己给对方留下了难忘的印象，同时又给人以友爱和宽容，他强大的气场不言而喻。

无论在什么场合，幽默口才都会给你带来一次次惊喜、一份份意想不到的收获。如果你想得到众人的欢迎，你必须学会幽默；如果你想提升自我，你必须学会幽默；如果你想事业辉煌，你必须学会幽默。

幽默最重要的就是随机应变，要根据对象、环境以及一刹那的气氛而定。而要掌握这种本领，则需要具备一定的修养。正如德国诗人歌德所说："幽默只适用于有教养的人，因此并非每个人都能懂得每件幽默作品。"

的确，现实生活中，孤陋寡闻、心胸狭窄、行为粗俗、人格低下者运用幽默，虽然有时也能引人发笑，但那是属于浅薄无知的表白或是庸俗低级的玩笑，绝非诙谐高雅的幽默，他的气场也会变得浑浊。

有人说幽默是性格因素决定的，这话有一定道理，但不完全正确，因为幽默也是可以学习和自我挖潜的。

（1）扩大知识面

幽默是一种智慧的表现，它必须建立在丰富知识的基础上。因此，要培养幽默感必须广泛涉猎知识，充实自我，不断从浩如烟海的书籍中收集幽默的浪花，从名人趣事的精华中撷取幽默的宝石，进而做到谈资丰富，妙言成趣。

（2）陶冶情操

幽默是一种气度和胸怀。要使自己学会幽默，就要学会陶冶情操，学会雍容大度，克服斤斤计较，同时心态还要健康乐观。人们之所以常常对幽默感强的人刮目相看，就是因为他们比别人多一点趣味和轻松，多一点笑容和快乐，散发着优雅的文明气息，给人以平和安宁之感。

（3）培养深刻的洞察力

培养深刻的洞察力，是提高幽默感的一个重要方面。只有提高观察事物的能力，迅速地捕捉事物的本质，才能在最短的时间内找到恰当的比喻，运用诙谐的语言，进而使人们产生轻松愉快的感觉。

要学会幽默的确不简单，但是只要做到这些，长此以往，总有那么一天，你会在不知不觉中走进“幽默大师”的行列，那不仅会改变你的气场，更可能改变你的性格，甚至改变你的生活和命运。

6. 同理心——瞬间拉近心距

许多著名心理学家在论述做人的基本原则时，都会特别强调“同理心”这个词。有人甚至说：“没有同理心，就不可能知道什么是成功，什么是领导力。”那么，到底什么是同理心呢？同理心和气场之间有什么关系呢？

同理心是一个心理学概念，最早由人本主义大师卡尔·罗杰斯提出，即在人际交往过程中，能够体会他人的情绪和想法、理解他人的立场和感受，并站在他人的角度思考和处理问题的能力，也就是我们经常提到的设身处地、将心比心的做法。

由于每个人的成长背景、受教育程度，所处环境以及心境不同，对同一事物的认知也是不尽相同的。若你不能容忍这种差异，不能从他人的角度去理解他人，不能接受他人的观点，无论你的气场有多强、多大，恐怕对对方也起不到丝毫的吸引和影响作用。

人一旦具备了同理心，就能把自己放在对方的处境想一想，就更容易获得他人的认可和信任，如此也就催化了气场的“发酵”。如果能实现这一步，你往往已经掌握了人际交往的主动权，气场已经开始闪闪发光，吸引着对方主动向你靠拢！

谈起刘德华，王宝强感激地说道：“刘德华是一个善解人意的人，他曾经照顾了我的面子，以一种润物无声的方式帮助了我。对此，我很感激！”这是这么回事呢？事情要追溯到2003年年底。

2003年年底，王宝强凭借着在《盲井》中的出色演出，参加了第40届台湾金马奖的评选活动，并领取了最佳新人奖。中途他去了洗手间，可在此过程中却被洗手池的水龙头难住了。因为这是感应式水龙头，王宝强从未使用过。他对着水龙头先扭后按再提，可就是不见有水流出来。

王宝强有些纳闷："咦，明明看见前面的刘德华刚刚使用过，怎么现在突然就不灵了呢？"因为身后还有人等着洗手，王宝强急得额头上冒出了细汗。

这时，正准备往外走的刘德华，从壁镜中看到了王宝强的窘境，于是便转过身抠抠指甲缝，对王宝强客气地说道："对不起，我手还没有洗干净，能让我再洗一次吗？"

只见，刘德华走回洗手池，将双手放在了水龙头下面。两秒钟过后，水自动地流出来了。在刘德华的"示范"动作下，王宝强立即明白了是怎么回事儿，他也将手放在了水龙头下面，终于洗了手。

刘德华看出了王宝强的窘迫，他没有直接地说你应该怎么使用水龙头，而是照顾到了王宝强的情绪，装作若无其事地做了"示范"动作，让帮助体贴入微、不留痕迹。这为他赢得了王宝强的感激。无疑，在王宝强眼中，刘德华此刻的气场是非常吸引人的。

不管你是否有过体验，换位思考的同理心总是能够将你的气场变成一个磁场，把和你个性相同的人或情况吸引到你身边。因为你对其他人的言行，都是站在对方角度上考虑的，你的说服力也会大大增强。

有一个年轻的女孩子一心想学发艺，几经周折后，她花高价拜了一名京城最受欢迎的理发师为师。女孩子很有上进心，她学得很用心，进步也很快。不到三个月后，她就被师傅安排上岗了。

给第一位顾客染发时，由于紧张、粗心，她居然拿错了颜色。给顾客染完发后，女孩才发现了这个错误。顾客非常恼火地嚷嚷道：“哎呀，我想要葡萄红色，你怎么给我弄成了黄色了啊？”女孩不知所措地站在那里。

这时，师傅闻声赶过来，了解情况后，再三向顾客道歉，并表示不收费，顾客哼哼了几下就不出声了，欣喜而去。女孩忐忑地等着师傅批评。可是，师傅只是说：“万事开头难，如果我是你的话我会特别紧张，我也有可能会出错，不过我保证以后不会再发生这样的事情。”

尽管师傅没有批评自己，但女孩却深深地认识到自己的错误，从此她做事认认真真，而且越发刻苦学艺。日复一日，她也成了一名深受顾客喜欢的理发师。“如果我是你……”成了她的口头禅。

假如我是他的话，我会怎么办、怎么想、怎么做？如果你能事事这样想，那么你的气场必然会吸引一群忠实的“粉丝”，相信你的人际关系也必将少了争吵，多了理解；少了矛盾，多了和谐。

社会生活愈发展，人际关系愈重要，就愈要求人们具备求同存异的和谐气场。如何做呢？很简单——不愿意别人怎样对待自己，就不要那样对待别人；自己希望在社会上能站得住，能通达，就要帮助别人站得住，帮别人通达……

7. 只需倾听，你就能备受欢迎

上帝仅仅赋予了我们每个人一张嘴，却同时给予了我们两只耳朵，这是在委婉地告诉我们：永远不要忘记倾听。能否认真地倾听别人的倾诉，往往决定着你气场的强弱、你对他人的吸引力和凝聚力是否足够强大。

一个乐于倾听、学会倾听、善于倾听的人，总是能够轻松地发现别人的内心到底在想什么，让自己变得更聪慧、更理智，充分彰显自己人格的魅力和力量，让自己的气场更加飞扬，将更多的人吸引到身边。

路易斯是菲利普见过的最受欢迎的男人之一，他走到哪里都很受欢迎，经常有朋友请他参加聚会，共进午餐。

一天，菲利普受一个朋友之邀参加一次小型社交活动。他发现路易斯正和一个漂亮女孩坐在一个角落里。奇怪的是，菲利普发现那位女孩一直在说，而路易斯好像一句话也没说，只是有时笑一笑，点一点头，仅此而已。

活动结束后，菲利普和路易斯同伴而行。菲利普禁不住问道：“昨天晚上我看见你和活动中最迷人的女孩在一起，她是谁呢？你们以前认识吗？”

路易斯摇摇头说：“今天是我第一次见她，是别人介绍我们认识的。”

“是吗？她好像完全被你吸引住了，你是怎么做到的？” 菲利普问道。

路易斯笑了笑，语气中带着掩饰不住的喜悦：“很简单，我问她喜欢看哪个作家写的书。当她回答村上春树时，我鼓励她给我讲讲自己看过的作品，接下去的两个小时她一直在谈这方面的事情。最后，那女孩要了我的电话，还说我是最风趣、最健谈，具有优美谈吐的人，希望和我继续交往。”

顿了顿，路易斯有些不好意思地挠挠头，继续说道：“我以前对村上春树一点也不了解，从头至尾我没说几句话，只是一直在凝神静听，而且这让我对他的作品真正产生了兴趣。她也觉察到了这一点，那自然使她觉得欣喜。”

看，这就是倾听别人说话的效果。

每一个人都有倾诉的愿望，专心地听别人讲话是对他人关注、重视的表现，是我们对任何人的一种最好的恭维和尊敬。它能让你更快地交到朋友，赢得别人的喜欢。不管说话者是上司、下属、亲人或者朋友，又或者是其他人，倾听的功效都是同样的。路易斯正是因为善于倾听，才让他变得富有吸引力，得到了女孩的喜欢，在人际场上广受欢迎。

正如李夫人所说：“如果你想使别人对你感兴趣，那么首先就要对别人感兴趣。”人们总是更关注自己的问题和兴趣，同样，如果有人愿意听你谈论自己，你也会马上有一种被关注、被重视的感觉，更能清楚地感受到对方身上所散发出来的气场。

一个善于倾听的“高手”，必定是一个思想深邃、谦虚柔和的人，他能够通过静听，吸取别人的思想精华，对自己的气场重新进行改造，并且产生脱胎换骨的变化，活力四射，光彩照人。

当然，倾听并不是保持沉默，用耳朵听听而已。如果我们只用眼睛或耳朵来接信息，而不用心去洞察对方的心意，就不能达到有效沟通的目的，更谈不上扩大自身气场的效果了。

真正的倾听，不仅要用心、用眼睛、用耳朵去听，还要学会用心去倾听。以下是倾听的技巧，做到了这些，笼罩在你身上的气场会像星星一样闪闪发光，你就会处处受到欢迎，获得意想不到的收获。

（1）要有良好的精神状态

良好的精神状态是保证倾听质量的重要前提，如果你在沟通中三心二意、萎靡不振，是不会取得良好的倾听效果的，它只能使沟通质量大打折扣，使你的气场受到损耗。因此，你要努力维持大脑的活跃度，使大脑处于兴奋之中，保持良好的精神状态。

（2）及时给予呼应

谈话时，应善于运用自己的姿态、表情、插入语和感叹词以及动作等，及时给予对方呼应。如微笑、点头、适时适度地提出问题等，这是一种肯定、信任、关心乃至鼓励的信息，会让说话者感到你理解他所说的话，能够给讲话者以鼓励，有助于双方的沟通。

（3）不要随便打断别人讲话

当对方说话内容很多，或者由于情绪激动等原因，语言表达有些零散甚至混乱时，你应该耐心地听完他的叙述。即使有些内容是你不想听的，也要耐心听完。千万不要在别人没有表达完自己的意思时，随意地打断别人的话语，或者任意发表评论。否则，会改变说话人的思路和话题，被认为是一种没有教养或不礼貌的行为。

总之，倾听需要做到耳到、眼到、心到，当你通过巧妙的应答把别人引向你所需要的方向或层次时，你就可以轻松掌握谈话的主动权了，毫无疑问你的气场将会变得更加强大而有力。

8. 刻不容缓——“跟我上”

有人说，是“9·11”成就了纽约前市长鲁道夫·朱利安尼。

的确，当世界贸易中心双塔倒塌时，朱利安尼第一时间赶了过来，直接或间接地下达了数百道命令。他一声“跟我来”，开始亲自指挥在场的救援人员进行救援活动，抢救遭摧毁的公共设施，并且前往医院慰问受伤者和罹难者的家属。他说：“我必须露面，我是纽约市市长，如果我没出现，将对这个城市更加不利。”

在那段时间里，他频繁地出现在全国性媒体的电视画面和广播上，提供各种重要的信息给全国民众。举例而言，他号召大众进行遍及全市的反恐行动，澄清了纽约市并没有遭遇生物或化学武器攻击的迹象，他还说：“明天的纽约就将屹立于此，我们将要重建，而且我们也会变得比之前更坚强……我希望纽约市民们替全国的人民做起榜样，也替全世界的人们做起榜样，告诉他们，恐怖主义不会阻止我们的。”

最终，在朱利安尼坚强、理智的带领下，纽约市民走过了这场前所未有的变局。“9·11”事件灾难处理可以说是朱利安尼生涯中最闪亮的一刻，他临危不乱的领导能力获得了各方的赞美。从那之后，“美国市长”这一称号便一直伴随朱利安尼至今。

朱利安尼在顺境中能够承担起较大的责任，在“9·11”灾难发生后，他第一个站出来，勇敢地扛起抗灾救灾的压力。正是因为做到了这一点，他瞬间爆发出了强大的气场，赢得了人心，获得了纽约、美国，乃至全世界人民的赞誉和尊重。

关键时刻说声“跟我来”可以立刻放大你的气场，但是并非只要如此就可以，更重要的是平时要提前做好防患准备。在风险或危机来临时，能够真正地承担起这份责任，并且将之贯彻到底。实际上，朱利安尼在上任之初曾花了一年多的时间学习《危机管理》这门功课，诸如生化武器或炸弹攻击等，并且反复检讨与练习。

所以，“9·11”的发生虽然出人意料、前所未有，但他还是快速、准确地做出了反应。

真正的智者，能够在冲锋势头下看到危险的逼近，在第一时间站出来做出决策，让危险得到化解！

一位伟人曾说：人生所有的履历，都必须排在勇于负责的精神之后。责任是使命，责任是动力，一个具有强烈事业心、责任感的人，才可能有强烈的使命感和强大的内在动力，才能做好本职工作，才能勇于担当；而一个没有事业心和责任感的人，是不可能勇于担当的。

如果你还在为自己的气场不够而烦心，为没有机会做领导者而抱怨，那么你不妨先问问自己以下三个问题：

在面对困难时，我是退避三舍，还是迎难而上？

在面对风险时，我是逃之夭夭，还是勇于挑战？

在面对失败时，我是将责任推诿给别人，还是勇于承担责任？

你的气场是大是小，你是否能够做领导者，就取决于你此刻的选择。好好地想一想，你应该怎么做。

9. 声望并非权力，却比权力更有影响力

一个人要在社会中生存发展，他的声望名誉是非常重要的。好的声望是提高一个人气场的无形资产，它不仅能带给一个人崇高的社会地位，而且能带来众多的朋友和众人的仰慕与信任，使人愿意与之合作。

古语道："得道多助，失道寡助。"声望好的人自然就是"得道者"，他们能够获得众人的帮助也就顺理成章。良好的声望，可以使处于困境中的人拨开乌云，重见蓝天；也可以使处于顺境中的人百尺竿头更进一步，获得更大的成功。在这一方面，具有"国际商人"之称的玛丽莎有很深的感悟。

玛丽莎原本只是一个普通的云南土家族的妇女，由于云南毗邻泰国，独具慧眼的玛丽莎开始积极从事中泰边境贸易。很多土家族的商贩都愿意追随她，看着她的行动来决定自己的路。

玛丽莎和她的商贩朋友们正在泰国把生意做得热火朝天的时候，却飞来了一场横祸。泰国金融危机了，泰铢大幅度贬值。当时来自云南土家族的商人有二百人之多，手中共握有近六百万泰铢。眼看美好的期望落空，还落了一个血本无归，这些人痛苦地大哭，更悲观的人甚至想到自杀。

面对这么多陷于困境中的兄弟姐妹，玛丽莎决定以原价收购泰铢。当然，玛丽莎也不是把这些泰铢白白地收来放着变成废纸，

她随即在与缅甸签订的贸易中，把收购来的六百万泰铢都转付给了缅甸方面。一场泰铢危机化解了，玛丽莎挺身而出，慷慨地帮助同伴们渡过难关，她获得极高的社会威望，成了人们口中急公好义的大善人。

玛丽莎拥有了如此高的声望，她自然也就成了众多经商者的天然领袖，一座以她名字命名的商场随即拔地而起。玛丽莎并没有投资一分钱，但那些董事们一致推举她为商场的董事长。“玛丽莎商贸大厦”开业了，玛丽莎的名声很快就传向了海内外，这又给她带来了更大的个人声誉，贸易伙伴越来越多，她的生意也越做越大，很快就成了千万富翁。

玛丽莎并没有投资一分钱，却得到了一座以自己名字命名的商场，而且成了“玛丽莎商贸大厦”的董事长，生意越做越大。不必多说，你就该明白声望远比金钱更有价值，而且一旦得到就呈几何形增值，也该知道一个有声望的人的气场是多么的富有影响力！

有什么东西能比获得别人的信任更利于提高气场呢？因此，你要想提高自己的气场，就必须先提高个人声望，获得众人的信任，让自己具有有效的统驭力。换句话说，谁有了声望，谁就有了强大的气场。

良好的个人声望是制造气场的无形资产，而这笔财产对于领导者来说更为珍贵。领导者要想获取别人的信任，最为有效的手段就是提高自己的个人声望，将自己的气场充分发挥出来。严格来说，个人魅力和气场算不上是权力，但它却比权力更胜一筹，更具吸引力和影响力。

查利斯·施瓦布是美国钢铁大王安德鲁·卡内基的助手，他是卡内基以年薪 100 万美元的高薪所聘用的。年薪 100 万美元？这在当时社会是一笔很大的收入，只有少数几个人才有这样的薪水。

事实证明，卡内基的选择是非常正确的。不到半年的时间，施瓦布就将公司的各种大小事务处理得井井有条，而且几乎所有的员工都乐意听从施瓦布的安排，施瓦布有什么特殊才能呢？靠声望！

一天中午，几个雇员正在车间里吸烟，要知道车间是禁止抽烟的，所以当他们发现施瓦布正朝他们走过来时，他们紧张极了，以为施瓦布会指着旁边那块“严禁吸烟”的大招牌斥责他们。然而，施瓦布走过来后，非常友好地给每个人递上一支雪茄烟，并说：“孩子们，如果你们能到外面去抽掉这些雪茄，我将十分感谢。”

你看，施瓦布可不是一个粗暴的管理者，他相信每一个员工都有自觉性，关键是领导者如何去激发他们的自觉性。试想，谁愿意和这样一个领导作对，不努力去工作呢？提到施瓦布的名字，几乎所有的员工都点头称道，表示自己心服口服。

施瓦布去世后，卡内基在他的墓碑上亲自题写了“一位知道如何将那些比自己聪明的人团结在身边的人”几个大字，这正是卡内基愿意付给施瓦布每天3000多美元高薪的原因。

一个善于运用个人魅力和气场树立自己地位的领导者，能够轻而易举地得到众人由衷的拥护和爱戴，他的地位往往是非常坚固的。古人说过“得民心者得天下”，用在这上面也不为过。

既然个人声望的作用这么大，那么如何提高个人声望呢？众多领导者的成功经验给我们提供了参考：中国的传统教育非常重视“仁、义、礼、智、信”，而人们也常常以此作为评判一个人的标准。一个人的言行如果按这个要求去做，那么他就可以有一个好的声望。

需要注意的是，个人声望不容易获得，但一旦失去却很难再找回来。因此，我们必须从一点一滴做起，持之以恒地提高自己的个人声望，提升自己的气场，成为一个越来越有影响力的人。

10. 分享：授人玫瑰，手有余香

有一个捷径可以让气场快速膨胀，那就是学会与他人分享。我们每个人都需要分享、都离不开分享，都需要学会分享。

学会分享是一个心态开放、思想解放、能量积聚、智慧绽放的过程。学会分享是包容与接纳，是尊重与合作。

一个精明的中国花草商人，千里迢迢从欧洲引进了一种名贵的花卉，将之培育在自己的花园里。他计划繁育三年，等拥有上万株后再开始出售，狠狠地挣一笔大钱。为了不让别人“分羹”，他还把自己的花园用密实的篱笆圈了起来，不准任何人接近。

第一个春天，名贵的花开了，特别漂亮，就像缕缕明媚的阳光。第二个春天，花已培育出五六千株，但商人发现，花朵比去年略小。第三个春天花已经繁育出了上万株。但令商人沮丧的是，这些花朵变得更小，花色也杂了，完全没有了它原本的雍容和高贵。商人不仅没能靠这些花赚上一大笔，还遭到了亲朋好友的讥笑。

无奈之下，商人便去请教一位资深的植物学家，把事情的来龙去脉说了一遍，问道：“难道这些花退化了吗？可欧洲人年年种植这种花，大面积、年复一年地种植，并没有见过这种花会退化呀！这是怎么回事呢？”

植物学家跟着商人来到他的小花园，转悠了一圈之后，认真地说道：“尽管你的花种满了你的花圃，但比邻的花园却种植着其他的花卉。这样，名贵之花传授花粉时就染上了邻家花园的花粉，所以你的名贵之花失去了本色，一年不如一年。”

对于这样的答案，商人感到意外，他焦急地请植物学家为自己支招。植物学家简洁而有力地说：“把你的花种分给邻居，让他们也种上这种花。”

尽管商人很不乐意，但他还是照做了。令人意外的是，次年春天花开的时候，他和邻居们的花圃几乎成了名贵之花的海洋，这些花颜色典雅，雍容华贵，和在欧洲时一模一样。花一上市便被抢购一空，商人和邻居们都发了大财，商人还被人们尊称为“花王”。

这个故事给我们的启示是，懂得分享的人，看似是在做一本“赔本”买卖，实际上最终往往可以获得更多。因为他的气场是健康、开放的，所有的人都会愿意与他在一起，他自己的机会也就越来越多。

分享是内化、借鉴、更新的过程，这是一种合作的方式，是一种在共生基础上再提高的创造过程，是一种双赢。在生活中，几乎每一个人都有过这样的体会：当独自研究一个问题时，可能思考了5次，还是同一个思考模式，如果拿到集体中去研究，从他人的发言中，也许一次就可以完成自己5次才完成的思考，并且他人的想法还会使自己产生新的联想，可谓是乘法的计算模式。

有一个关于鸡尾酒出来的故事：

从前，英、葡、法、美四国人相约把自国的好酒拿出来给大家品尝。英国人拿出了威士忌，葡萄牙人则拿出了葡萄酒，法国人拿出了人头马，唯有美国人两手空空。正在其他人不知其所为之际，美国人拿了一只空酒杯，将威士忌、葡萄酒、人头马混合在一起，拿给大家品尝，于是口感奇棒的美国鸡尾酒就这样诞生了。

因此，学会分享是对自我中心、自以为是倾向的自觉防范，意味着奉献出自己的闪光，并分享别人的闪光，努力创出一种新的思维和新的表达方式，快速地为自己的气场增光添彩。

人的气场如此，公司的气场也是这样。仔细观察微软、英特尔等商业巨头，你会发现，他们的成功都是因为这些商家善于分享。

以微软来说，视窗操作系统的火爆，让微软大赚了一笔之后，微软总裁比尔·盖茨并没有“私藏”这项技术，而是与所有硬件厂商和软件厂商分享着视窗操作系统火爆的商机。现在，很多硬件厂商的产品都支持微软的所有操作系统和软件，所有的软件厂商的产品也能在微软的操作系统中运行，这就是微软的分享精神。正是因为这种分享，微软才能称霸全球操作系统市场。

试想，如果比尔·盖茨气量狭小，不把火爆的操作系统市场与硬件厂商和软件厂商分享，仅凭一己之力，微软能够有今天的辉煌吗？恐怕他会成为众多人眼中的“吝啬鬼”，以至留不住优秀人才，抵抗不住竞争对手的压迫！

你把你的给我，我把我的给你，在这样互相提拔、互受其利的过程中，就能够让你的气场迅速地对更多人产生吸引力和影响力。赶快学会分享吧，相信在某一天，你将会成为众人的中心。